# 三星堆现场

## SANXINGDUI RUIN SITE

四川省人民政府文史研究馆 编

北京理工大学出版社
BEIJING INSTITUTE OF TECHNOLOGY PRESS

版权专有　侵权必究

**图书在版编目（CIP）数据**

三星堆现场 / 四川省人民政府文史研究馆编.
北京：北京理工大学出版社，2025.8（2025.9重印）.
ISBN 978-7-5763-5560-4

Ⅰ．K878.02

中国国家版本馆CIP数据核字第20259ZJ943号

责任编辑：李慧智　　文案编辑：李慧智
责任校对：王雅静　　责任印制：李志强

出版发行 / 北京理工大学出版社有限责任公司
社　　址 / 北京市丰台区四合庄路6号
邮　　编 / 100070
电　　话 /（010）68944451（大众售后服务热线）
　　　　　（010）68912824（大众售后服务热线）
网　　址 / http://www.bitpress.com.cn

版 印 次 / 2025年9月第1版第3次印刷
印　　刷 / 天津睿和印艺科技有限公司
开　　本 / 889 mm×1194 mm　1/16
印　　张 / 23
字　　数 / 363千字
定　　价 / 238.00元

图书出现印装质量问题，请拨打售后服务热线，负责调换

# 《三星堆现场》

## 编辑委员会

### 主　任

王元勇

### 副主任

熊运高

### 委　员

谭继和　　江玉祥　　舒大刚　　谢　雪
伍　文　　张　维　　李金朋　　崔　园
　　　　　黎明春　　徐　榴

### 主　编

屈小强　　黄剑华

# 大都气象 古蜀风采
## ——序《三星堆现场》

1986年夏秋之交，广汉三星堆的两个祭祀坑以满目的沧桑和绚丽横空出世，震撼了世界。它从容而坚决地揭示出三千多年前长江上游一个偌大古国、古城、古文化的恢宏面貌，令川人倍感自豪、国人倍增自信、人类充满遐想。两年后，国务院即公布三星堆为第三批"全国重点文物保护单位"。时已耄耋之年的张爱萍将军欣然为之题词："沉睡三千年，一醒惊天下。"又过了28年，即2020年9月—2022年12月，考古工作者在三星堆遗址二度大发掘，以六个祭祀坑的新发现向世界又一次证明：三四千年前的成都平原是中华文明起源"满天星斗"坐标系中极为璀璨夺目的一颗。

## 一、三星堆：大都气象

三星堆文明的形成、发展史是地方文明演进并融入中华民族多元一体发展模式及总体格局的一个最具说服力的范例；同时，它也是地方文明与中华文明、与人类文明进行碰撞交流并在这一过程中丰富自己、壮大自己、发展自己的一个最具创造力的典型。

按过去的一般说法，人类步入文明社会当具有三要素，即金属、文字和城市，有的还加上礼仪性（祭祀）中心，甚至手工业、农业和围绕城市的乡村等条件。用这些标准衡量，三星堆古蜀社会已是文明社会，应当没有问题。较有争议的是三星堆时代有无文字。考古工作者在三星堆遗址出土的陶器及玉石璋上，发现有刻画符号，它们同成都十二桥商代遗址陶纺轮上的刻画符号属于同一类型。段渝先生认为，三星堆和十二桥的刻画符号，当是春秋战国时期的巴蜀方块表意字的上源；春秋战国时期的巴

# 2

## 三星堆现场

蜀方块表意字，则应视为对三星堆文明时期的刻画符号的继承、发展和演化。我们相信，随着三星堆遗址的进一步发掘，是会发现能记录语言的文字的。即或真无这样的文字，也不要紧——三星堆社会的文明状态就真实而清晰地摆在那里，谁也无法否认。南美洲著名的安第斯文明就没有真正意义上的文字，却给后人留下了马丘比丘、库斯科城、太阳神庙以及独特而富有创意的制陶、冶金、纺织、建筑和发达的种植业及灌溉技术，又有谁能因为它未见有文字而剥夺它"文明"的称号呢？

1995—2003年，考古工作者又在成都平原陆续发掘出包括成都市新津区龙马乡宝墩古城、都江堰市青城乡芒城古城、成都市温江区万春镇鱼凫城、成都市郫都区古城镇郫县古城、崇州市双河古城、崇州市紫竹古城、大邑县高山古城、大邑县盐店古城在内的史前古城址群（前六个古城作为"成都平原史前城址"于2001年被国务院公布为第五批全国重点文物保护单位），年代约为公元前2500—前1700年；2001年2月，又在成都西郊金沙村发现了年代略晚于三星堆遗址的商周时期遗址。它们像众星捧月一般，拱卫着距今约3500年的三星堆古城遗址。三星堆遗址总面积约12平方公里，其中三星堆古城墙内的中心范围约3.6平方公里。其规模庞大的城墙体系、众多的建筑遗址以及从八个祭祀坑出土的体量宏大、工艺成熟的数千件青铜重器、金器及成千上万的陶器、玉石器，再加上它们所显示出的较为发达的城乡差异、阶级对立与社会分工，足以说明当时的三星堆地区已拥有城市、青铜器、大型宗教祭祀中心，已拥有比较发达的农业、手工业、商业交通、文化艺术以及等级森严的奴隶制王权-神权体系，呈现出一种"古文化、古城、古国"的典型面貌。它告诉人们，这里就是古蜀文明的源头（至少也是一个主要源头），这里就是古蜀文明的一个爆发点，这里曾拥有一个光彩夺目的可与同时期任何一处文明（包括中原殷墟文明）媲美的古蜀文明——三星堆文明。它上起新石器时代晚期，下迄商代晚期，时间跨度近两千年。这是在今天的四川腹地内土生土长的属于古蜀社会的发达的奴隶制文明。它有着自身的发生背景和发展规律，自成体系，特色鲜明，富有创造性与生命力。过去人们常说的从春秋战国至西汉前期的蜀文明，当是对它的一种继承和发展。它在夏商之世，以成都平原为辐射中心，其影响向北曾达汉水流域与渭水上游，向东远及今宜昌长江两岸，向南向西则深入青衣江、大渡河、雅砻江流域甚至越南红河流域（在上述地区，考古工作者发现了与三星堆古蜀文明面貌相似甚或一致的文化因子）。此外，它还通过包括古长江及其支流水系、古彩陶之路、古蜀布之路等四通八达的交通网络，将北方草原文明、中原文明、荆楚文明、吴越文明、滇濮文明以及南亚文明、西亚文明、埃及文明、爱琴海文明等诸文明的优秀成分或合理因素大方地采借过来，用来发展并壮大自己。因此，三星堆文明-古蜀文明虽地处四川盆地，周围大山环抱，却并不封闭自守，并无"盆地意识"。可以说，它的开放性、包容性与开拓性、创造性，与当时中国及世界其他先进文明相比，也是毫不逊色的。

## 二、西南最亮之星

一个鲜明的例子是 2021 年 3 月在三星堆三号坑出土的顶尊跪坐铜人像。它通高 115 厘米，上部为高 55 厘米、肩部有龙形饰件的大口尊，下部为双手做握物状的高 60 厘米的跪姿人物。顶尊铜人像的复合造型，1986 年在二号坑内出现过。它们是古蜀青铜文明独有的创意，在其他青铜文明中尚未有出现。上海大学考古队通过研究，认为"铜尊很可能来自长江中游，而铜人是长江上游的产品"。而二者居然通过一个方板铸焊成一个整体，真是令人称奇。这便充分说明早在三千多年前，长江中上游的青铜文明就已在进行深度交流。

其实，三号坑不止在顶尊铜人上体现出这种交流，在三号坑首次发现的圆口方尊也表现了长江中游（或下游）文明的影响。现藏于台北故宫博物院的著名的牺首兽面纹圆口方尊（来自北京故宫博物院，造型或纹饰皆特殊，具有南方区域特征）与之几近同型。唯一不同的是三号坑方尊肩部比台北故宫博物院的那件多了对称的立鸟。二者很可能出自同一个作坊。

能证明三星堆古蜀人对外交流的器物还有很多，比如在三号坑、八号坑发现的铜尊、铜罍、铜瓿，就是中原殷商文化的典型器物；三、四号坑的玉琮则深受甘青齐家文化或长江下游良渚文化的影响（但亦有蜀地特色，如玉琮上的神树）；三、七、八号坑的有领玉璧、玉璋、玉戈，先前在河南、陕西、山东以及华南地区就有出土；包括一、二号坑在内的遗址内大量的金器，则比较接近北方草原文化早已有之的用金传统。其他如七号坑的龟背形网格状铜器上的龙钮把，八号坑的青铜虎头龙身像、青铜猪鼻龙形器、青铜持龙立人像以及 38 年前于一号坑出土的爬龙柱形器（即龙杖首）、二号坑青铜大神树上的龙、大立人像服饰上的龙……整个遗址所见的龙形象，五花八门，林林总总，达 30 种以上。而龙形象是中华民族远古的记忆，在祖国四面八方的古遗址中屡见不鲜。以龙为尊，以龙为图腾、为标识、为象征、为纽带、为依托、为精神支柱、为文化符号，是中华上古文明的一个核心内容。三星堆遗址接连出现的、无处不在的龙造型，说明在自然观、宇宙观、价值观与神权、王权意识和宗教祭祀方面，以古蜀文明为代表的长江上游文明与黄河文明、长江中下游文明并无二致，说明早在三四千年前，古蜀文明便已开始融入中华文明多元一体的历史进程中。

特别值得注意的是八号坑出土的一座高达 1.55 米的三层神坛。方形坛座之上有四个肌肉强健的力士以半跪姿态托举井形杠架，杠架上是一尊小神兽。神兽体态肥硕，大嘴大耳，或以为是大象，或以为是风神或风神坐骑……力士均戴面具，华丽的衣服上回形纹饰线条流畅。神坛上包括力士在内共有 13 个人物，可能正在举行一个盛大的祭祀仪式，气氛庄严肃穆。中国社科院考古所王仁湘研究员说：

"古蜀人制作神坛的意义，就是想创作出虚拟的世界。有了这样虚拟的世界，人们的思想就有了更大的活动空间。这是心的世界，它比天地宽、比宇宙大，可以任由驰骋，任由飞舞。"

至于三星堆遗址独有的青铜纵目人面具、大立人、大神树、大神兽、大神坛等宏大造型以及所展现的以锡、铅合金为焊料的钎焊技术、铸铆技术、分铸技术、切割成孔技术、独特的制泥芯技术（以细木条做芯骨）等，则表现出古蜀人非凡的想象力、创造力与精细的工匠精神，说明古蜀文明在中华文明起源的满天星斗之中，乃是西南最亮之星。而这也正是三星堆遗址在被发现之后一直为人瞩目的魅力之一。

古史传说中蚕丛、柏灌、鱼凫氏治蜀"各数百岁"。三星堆遗址以及成都平原史前古城遗址群的考古发掘资料表明，古蜀国第一历史时期——蚕丛时代文化延续时间约当夏代前期，大概在公元前 2070 年至前 1800 年；第二历史时期——柏灌时代文化延续时间约当夏代后期，大概在公元前 1800 年至前 1600 年；第三历史时期——鱼凫时代文化延续时间约当商代，大概在公元前 1600 年至前 1046 年。此三个历史时期正是各数百年。而作为第四历史时期的杜宇时代的早期（相当于商末至西周前期，约当公元前 11 世纪至前 9 世纪），则可在三星堆遗址的第四期文化中找到佐证。

2023 年 11 月 16 日，北京大学研究团队公布了三号坑、四号坑、六号坑、八号坑等四个坑的碳十四测年数据，指出它们的形成年代有 95.4% 的概率落在公元前 1200 年至公元前 1010 年之间，这相当于商代晚期，距今 3200 年至 3000 年。而八号坑的顶尊蛇身青铜人像与 1986 年于二号坑发现的鸟足人像的拼接成功，则说明二号坑的形成时间与八号坑一致。与此相应，考古工作者还修订了三星堆遗址考古文化的时间范畴：一期文化，距今约 4500~3600 年，约当新石器晚期至夏；二期文化，距今约 3600~3300 年，约当商代前期；三期文化，距今约 3300~3100 年，约当商代后期；四期文化，距今约 3100~2900 年，约当商末至西周前期。

# 三、三星堆文化的研究方向

### 1. 继续建构三星堆学

一般认为，一门学问能否成为一个学科，必须具备三个条件：一是应有独立的研究对象；二是应有独立的理论及方法；三是应有独立的知识系统。可以说，学科是科学研究发展的成熟之果，但并非凡是研究最后都能形成学科。1930年，陈寅恪在《陈垣敦煌劫余录序》里提出"敦煌学"的概念，就包含了上述三方面的内容。陈寅恪的初心，是要将中国学者对敦煌遗产的研究，发展成一门独立的敦煌学学科；但是直到进入20世纪八九十年代，这个学科建设才告大体完成。其间经历了数代人的薪火相传，其艰辛劳勋，可想而知。1993年，由屈小强、李殿元、段渝主编的《三星堆文化》（1994年获第八届中国图书奖）提出建构三星堆学，至今也已32年，却仍在学科建设的路上。其间原因有以下三个方面：其一，没有当年敦煌学人的紧迫感；其二，没有当年他们的团结一心精神；其三，没有当年他们的坚韧不拔与吃苦精神。我们面对三星堆遗址八个坑出土的两万余件编号文物，应像当年敦煌前辈一样，勠力同心，砥砺奋发，"取用此材料，以研求问题"，蔚成"时代学术之新潮流"（陈寅恪语），以不辜负三四千年前三星堆蜀人给我们留下的那一大堆值得珍爱的宝贝。当然，要达成此事，除了研究者的单兵作战以外，还须集中力量办大事。自2019年开始，三星堆研究院、三星堆文化与青铜文明研究中心、三星堆与古代文明研究所及三星堆古蜀文化研究协会亦先后成立，但基本上是各自为政，尚未形成合力。各方研究力量可否统一部署，分工合作，依据各自长项（包括物质资源和人力资源），制定战略规划，克难攻坚，形成包括专著（如三星堆学概论、三星堆学大辞典、三星堆读本、相关考古报告等）、期刊、定期或不定期简报以及文物保护、学会（或研究会）、定期学术研讨会、媒体报道等在内的完整工作体系。当年陈寅恪期盼清华大学成为全国学术研究的重镇。在四川，四川大学、四川省社科院、四川省文物考古研究院以及三星堆博物馆就是三星堆研究的重镇。四川甚至海内外的三星堆研究者可以以它们为研究中枢、为大本营，在它们的引领下去研究三星堆文化、传播三星堆文化，并由此形成一系列成果。

## 2. 坚持比较历史学、比较考古学的路径

比较历史学、比较考古学不是历史学、考古学的分支，而是一种方法或路径。比较历史学是 20 世纪二三十年代由法国历史学家马克·布洛赫归纳、确立的。在中国，梁启超、陈寅恪等很早就在使用它了。20 世纪 30 年代，陈寅恪就运用比较历史学的方法来研究佛教文献，将域外之文与中土之文相互参证，以解决印度佛教文化如何影响中华文化的问题。而比较考古学的概念，则是李学勤于 1991 年在《比较考古学随笔》（香港中华书局有限公司版）一书里提出来的。就三星堆文明而言，可以对青铜文化、面具文化以及金杖等与中原、与西亚同类器物的异同进行比较分析，从而得出较为客观的结论。只有将立足点置于中国文化、人类文化的更高处，才会看见浩瀚广阔天地中的人、物、事潜伏的连接点与隐形的关联线索，从而做出更能揭示本质、更符合科学与逻辑的论证。所谓"居高声自远"，正是这个意思。

三星堆以大立人像、神树、扭头跪坐人像为代表的青铜文化，以纵目人面具、黄金面具为代表的面具文化，以黄金面具、金杖为代表的金器文化在殷商时期黄河文明、长江文明中独树一帜，个性鲜明。1986 年当三星堆二号坑的大立人像、纵目人面具等文物出土时，人们就大为讶异；到了 2021 年六个坑的各色文物再惊天下时，人们都瞠目结舌，呼之为"奇奇怪怪"（如三号坑出土的顶坛铜人造型）。倘若将它们与同样表现怪异、不可思议的墨西哥北部玛雅文明遗存、埃及金字塔、巴比伦"空中花园"等比较，就会发现它们都在北纬 30 度至 31 度之间，由此捕捉到文化、地理的参照坐标，从而对三星堆文物的怪异特征进行世界视域与哲学视域下的合理解释。当然，这种比较不仅仅是跨地理的比较，而且也应是跨文化的比较。毕竟三星堆文明与同纬度的上述文明相比，时代不同、文化背景不同，但文物在夸张性、宏大性、独特性上却是一致的。它启示我们：在这些同纬度文物"奇奇怪怪"之下，都隐藏着一个宗教-礼仪（祭祀）的宏大主题、庄严内核。这既是催生玛雅文明、古埃及文明、两河文明的一个动力，也是三星堆文明的一个生长点。

比较史学、比较考古学应该是破解三星堆之谜的一把好用的钥匙。我们在今后的研究中，可以科学地运用好这把钥匙，将三星堆文化-古蜀文化拿来与包括殷墟文化在内的各区域的考古文化、历史文化相比较，与域外文化相比较；在四川范围内，与营盘山文化、与成都平原史前城址群、与成都金沙文化-十二桥文化相比较；在三星堆遗址内，各个地层相比较，各个祭祀坑相比较、不同器物相比较、同类器物相比较；还要将三星堆时代与之前、之后若干百年、若干千年的文化、地理、政治、经济相比较；亦可以将三星堆文化置于社会学、人类学、民族学的视域予以观察、比较，找出它们之间的联系和与之联系的变化、演进特点及发展规律……事虽细、虽烦、虽难，但探索的道路上亦将不乏快意、享受与惊喜！

### 3. 让三星堆文化深入大众

2020年9月28日，习近平在党的十九届中央政治局第二十三次集体学习时的讲话中说："保护好、传承好历史文化遗产是对历史负责、对人民负责。我们要加强考古工作和历史研究，让收藏在博物馆里的文物、陈列在广阔大地上的遗产、书写在古籍里的文字都活起来，丰富全社会历史文化滋养。"三星堆遗址、三星堆文物属于全社会，属于全体中国人民。中国共产党"全心全意为人民服务"的根本宗旨，落实在三星堆考古工作者、研究者那里，就是要让三星堆文化贴近大众，深入大众，向大众传播三星堆文化，讲好三星堆故事，让四川民众、全国民众，甚至海外华人、外国友人都知道三星堆、了解三星堆，人人都说三星堆。倘若有了这个局面，那么，学者理想中的三星堆学，也便有了雄厚和广大的基础，其建构的完成也就水到渠成了。

让三星堆贴近大众、深入大众，其实是一个双向过程，含有两方面的内容：其一，是三星堆文化对大众的传播，这是最主要的工作（具有主导性）。其二，是大众介入三星堆文化的探索与传播。大众介入的热情及其程度，则是由三星堆考古人、研究者让三星堆深入大众的意愿与热情决定的。

著名考古学家张光直先生说："考古学家的任务则是客观地告诉人们古人曾做了什么样的选择以及这些选择的命运，以便今人为未来做出决定时可以汲取古代的教训。"（《考古学》，辽宁教育出版社2002年版，第133页）三星堆考古人与研究者要有与大众交流的愿望甚至欲望，把自己的发掘心得、研究成果及时地告诉社会、告诉大众。譬如对三星堆祭祀坑的认识，有的学者便认为是古蜀王或贵族器物的埋藏坑或是战胜者对失败者器物的毁坏掩埋坑。这里面又牵涉到古蜀王朝的改朝换代问题。有的学者认为三星堆文化的全盛期是鱼凫王朝，在商代后期则走向衰亡。所谓埋藏坑或掩埋坑就是对这段历史形象的记录（器物的气质反映鱼凫王朝的辉煌，它的破损与埋藏或掩埋说明王朝的式微或战败）。将这样的认识通过报刊、广播电视、公众号等媒体分享给大众，可以使学者、使三星堆贴近大众。当然这样的认识乃属于个人的思考，不是定论——也不怕告诉给大众——但至少可以引起大众对祭祀坑、对三星堆的兴趣，为大众进一步理解三星堆文化，添了一条思路。三星堆博物馆的讲解员也是沟通学者和大众的桥梁或媒介。他们在讲解时，则应尽量多介绍多数派的观点或定论，也可以掺杂些少数人的意见甚至讲解员自己的推想——但一定要讲明是推想；至于哪些属于真实的历史，哪些属于神话传说，更不能含混，以免误导大众。

三星堆考古人、研究者要放下高冷的架子，从考古现场和书斋走出来，充分利用传媒和科技手段，向大众及时报道考古成果、研究心得。三星堆遗址属于全体人民，人民有权知道三星堆的事情。2020年10月至2021年9月六个坑的发掘高潮期间，考古工作者就将各大媒体人请进三星堆现场，让其近距离了解考古发掘情况，实时向人民群众传递消息。

特别是 2021 年 3 月 20 日至 23 日，中央广播电视总台接连四天在央视新闻频道推出《三星堆新发现》特别节目，实时报道三星堆新一轮考古发掘的巨大成果，向公众展示中华文明多元一体格局的早期灿烂成就。2021 年 5 月 28 日，国务院新闻办公室、国家文物局、四川省人民政府又在三星堆博物馆联合举办了"走进三星堆，读懂中华文明"主题活动（当晚还举行了"三星堆奇妙夜"的文化盛宴），让包括中外媒体记者在内的 200 多名有代表性的中外人士走进三星堆发掘现场和博物馆，近距离感受三星堆文化的魅力，促进了中外文明的交流互鉴。中央电视台、四川电视台及其他各大媒体亦滚动式地不断推出三星堆专题片、纪录片持续介绍三星堆（包括新一轮考古发掘工作）。发掘者、研究者或现身说法，或发表看法。大众受到鼓舞，也热烈地参加进来，在公众号等新媒体上指点文物，各抒己见，一下子拉近了三星堆考古与大众的距离。

与此相应，有关方面盛情邀请群众进考古现场、进博物馆，由群众提问，专家讲解，专家与群众线上线下互动。2022 年 4 月，成都博物馆就曾邀请中国丝绸博物馆副馆长周旸研究馆员在线上开展讲座，向广大群众讲解三星堆丝绸的发现过程及发现意义，让更多人知道发现三星堆丝绸的重要性。这次讲座采用多领域平台同步推广的形式，联合中国丝绸博物馆、成都日报·锦观、文博园等一起直播。嗣后，还在"成都博物馆"公众号播放讲座全视频。

考古界、文博界对三星堆新一轮考古发掘的宣传，是三星堆考古、三星堆研究的一场生动的大普及，一个独特的大型行为艺术，一次成功的考古秀、文化秀。

考古学界、历史学界过去对来自民间的三星堆话题甚或猜想或不屑一顾或嗤之以鼻。其实，民间的议论质朴直率，有的甚至稀奇古怪，却反映出大众对本土早期文化的关注，对中国考古、中国历史或中华优秀文明的自信。三星堆考古人、研究者不妨放下身段认真听听，可以帮助我们拓宽眼界，别开生面。更重要的是，倾听民间声音这个行为的本身，就是三星堆考古、三星堆文化向大众的贴近，是向大众普及、弘扬、交流、传播三星堆考古、三星堆文化的机会，何乐而不为？

将三星堆考古、三星堆文化以通俗的语言、亲近的姿态，讲给大众听，让三星堆文物在大众中活起来，是当代考古人、当代学者的责任和义务。三星堆六个坑的发掘与传播，成为中国考古学大众化历程里的一段难忘的记忆、一个宝贵的经验。它将激励三星堆考古人、研究者坚持走考古学与人民群众亲密结合的路子，使三星堆考古与研究在更高更强的科学化的同时，实现最大最好的大众化，让世界看到中国考古学的中国特色、中国风格、中国气派！

### 4. 积极而稳妥地推进联合申遗

2024年12月，三星堆-金沙遗址被确定为2028年中国政府申报世界文化遗产项目。三星堆遗址与金沙遗址系古蜀文明一脉相承的典型类型，是中华文明多元一体的重要实证，既是中华民族的宝贵历史财富，也是人类文化的共同遗产。但若要于2028年如愿达成进入世界文化遗产序列的目标，还有许多工作要做。也就在2024年12月，古蜀文明保护传承二期工程在广汉市的三星堆研究院启动，争取在三年内逐步探索并解决关于古蜀文明的诸多问题，为三星堆-金沙遗址走向世界奠定学术基础。

古蜀文明保护传承一期工程自2019年启动以来，基本摸清了三星堆遗址、金沙遗址的空间布局与功能分区，确定了两遗址的主体遗存年代与社会结构，确认了三星堆社会的四个不同等级的人群、金沙遗址神权阶层、贵族阶层、平民阶层和奴隶阶层的四级结构。但目前两遗址内部的水陆交通体系（包括河流、道路、城墙、城壕、城门、水门、桥梁、码头），聚落功能分区（包括宫殿、神庙、祭坛、墓葬区、居民区、青铜冶炼及青铜器铸造作坊、金器制作作坊等）尚有待清晰，多学科的综合研究体系尚不成熟。而关于青铜器、玉器、金器材料及象牙来源，各地与域外同三星堆远距离互动、传播的环节、路线、道路以及三星堆的政治体制（是神权国家还是王权国家，或者神权与王权相结合的国家，是方国还是王国），三星堆遗址与金沙遗址乃至十二桥遗址的关联性阐述，还是各执一词，并未取得大体一致的具有科学说服力的意见。

总之，三星堆-金沙遗址申遗工作负任蒙劳，道阻且长；而日月逾迈，时不我待。学界上下以及社会各界须群策群力，排除万难，下定决心，并辔扬鞭，于2028年在建立起完善的古蜀文明保护传承体系的同时，给世界一个关于中华文明多元一体大格局中的古蜀文明的比较真实可信的发展脉络与历史全景。

蜀江水碧蜀山青，江山如画促我行。让我们携起手来，披荆斩棘，为着一个共同的奋斗目标，踔厉猛进！

屈小强（四川省人民政府文史研究馆馆员）

# 目 录

## 第一编·古蜀雄风——青铜雕像群

青铜立人像 / 003
青铜跪坐人像 / 015
青铜人头像 / 021
金面罩青铜人头像 / 033

## 第二编·隐入天堂——青铜面具系列

青铜纵目人面像 / 045
其他青铜人面具 / 047
青铜兽面具 / 055
新出土面具 / 061

## 第三编·至尊至贵——其他青铜器

青铜神树与祭祀器物 / 071
动物形青铜器 / 078
容器与礼器 / 102
挂饰与青铜铃 / 119
青铜戈及杂件 / 151

## 第四编·吹影镂尘——金器系列

金杖与面罩 / 173

金箔饰物 / 185

## 第五编·温润而泽——玉器系列

祭祀礼器 / 199
兵器与工具 / 215
佩饰及信物 / 231

## 第六编·含山吞海——象牙、海贝与陶器

象牙与海贝 / 241
陶器系列 / 247
石雕人像 / 274

## 第七编·再惊天下——新出土青铜器

青铜神坛与组合像 / 279
特殊造型人像 / 285
神兽与动物形器 / 304
容器与礼器 / 331
青铜人头像 / 342

# 古蜀雄风

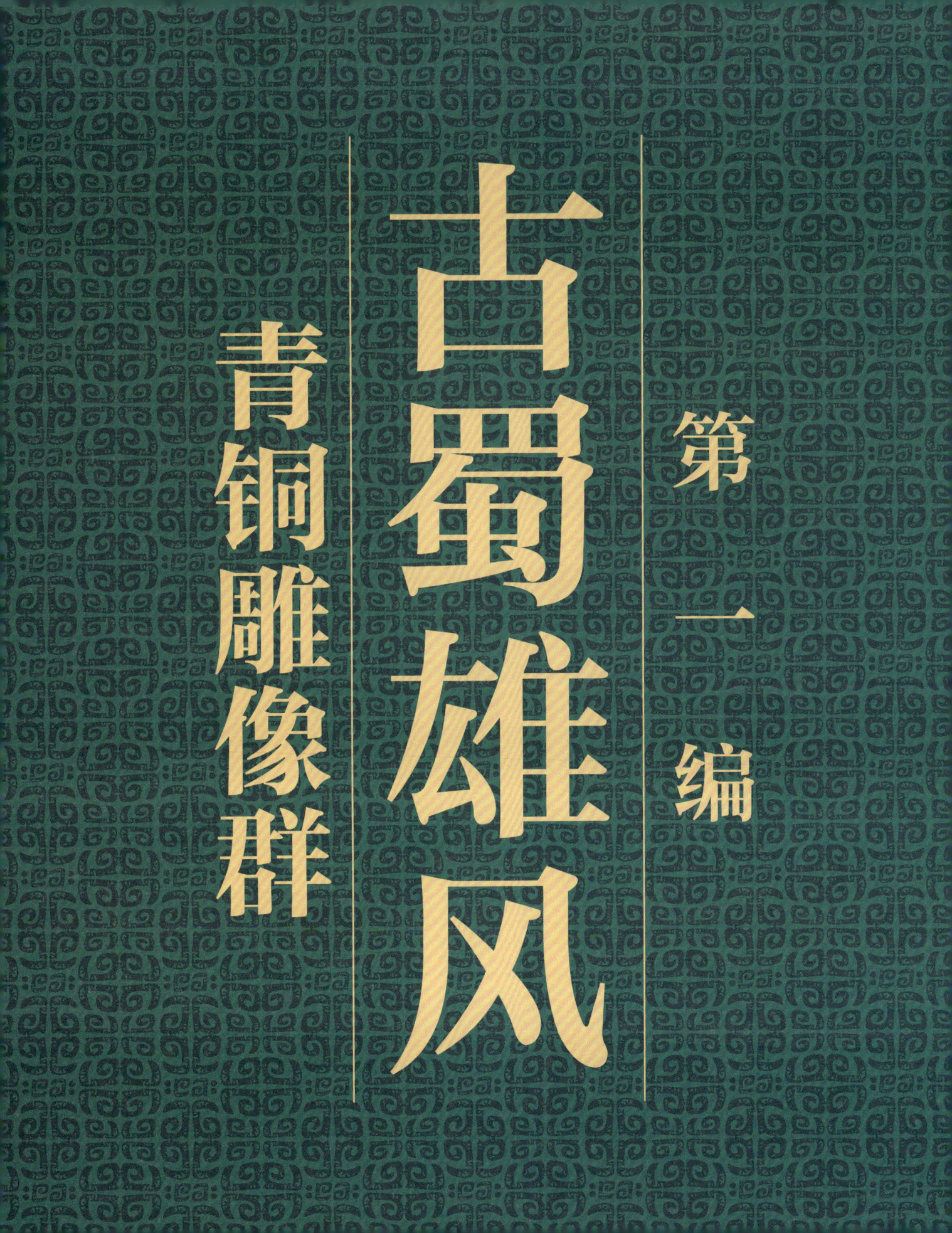

## 青铜雕像群

### 第一编

使用青铜器是人类进入文明社会的一个重要标志。古蜀社会在距今三千多年时进入青铜时代，虽稍晚于北方草原文化、黄河中下游文化和长江中游文化，但却以其庞大的人物雕像群而独放异彩，显示出有别于中外其他青铜文化的艺术想象力和创造力。

三星堆青铜雕像群的种类形态甚多，按造型划分为以下两类：

第一类青铜人像，为圆雕或半圆雕整体造型，包括高大的青铜立人像、青铜小人像、青铜跪人像等。

第二类为青铜人头像，为圆雕头部造型，形式多样，装扮各异，既有共同风格，又各具特点。

从造型看，它们有平顶脑后梳辫者，有平顶戴帽或头戴"回"字纹平顶冠者，有圆头顶无帽者，有将发辫盘于头上或于脑后插蝴蝶形笄者，有头戴双角形头盔者，还有头上部为子母口形，原应套接顶饰或冠帽者。从面相特征看，人头像大都为浓眉大眼、高鼻阔嘴、方面硕耳，显得神态威武，有一种粗犷豪放的风格。其中也有线条圆润、五官俊秀者，但数量很少。

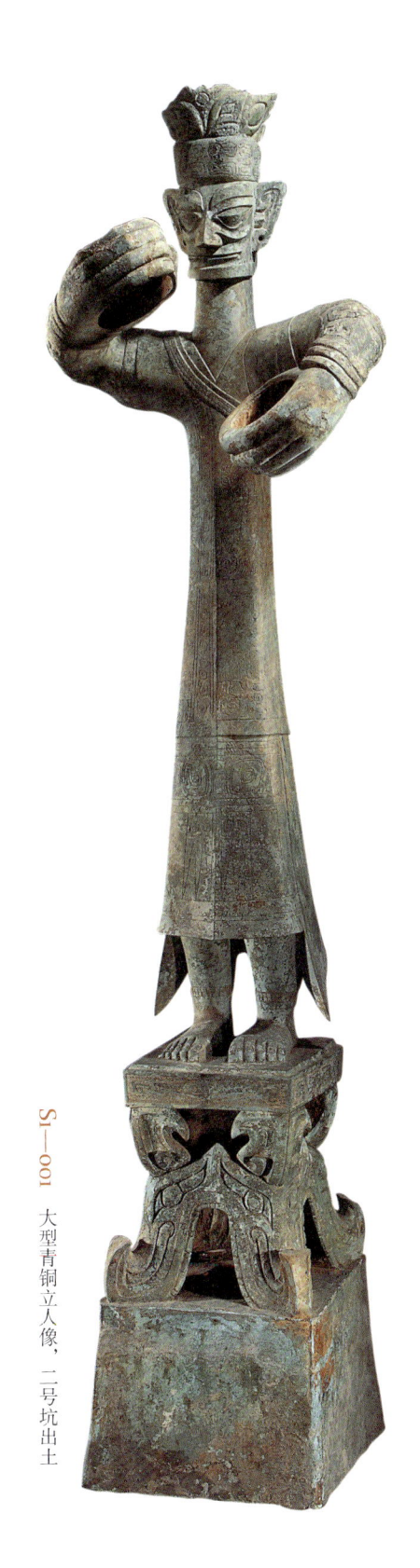

# 青铜立人像

S1—001 大型青铜立人像，二号坑出土

青铜立人像采用分段浇铸法嵌铸而成，通高260.8厘米，重约180千克。立人像高（自冠顶至足底）180厘米。头戴华美冠冕，身着窄袖及半臂式三件左衽衣，纹饰繁复精致，以龙纹为主。身躯细长挺拔，粗眉大眼，双手夸张地握成环形，赤足、佩脚镯立于三层座上，给人以高贵雍容、落落大方之感。特别是炯炯有神的大眼和沉稳坚毅的阔嘴显得气定神闲，显示出其至尊的身份。或说为国王，或说为王室祭司，或二位一体；或言蜀人先祖如蚕丛、鱼凫形象，或太阳神形象等。

尤其引人注目的是那大得出奇的双手所执何物，费人猜想。

三星堆现场

S1—002　青铜立人像夸张的手势

关于青铜立人手持之物，或说手握象牙，或说持立鸟或玉璋，或说握权杖或龙、蛇，或说并未持物，只是一种祭祀的特定手势。言手握象牙者居多，因立人双手环状且错位之态比较符合象牙形状，包括弯曲弧度。象牙圣洁高贵，持之祭天、祭神、祭祖宗，颇显虔诚。

**通过它可沟通天地人。**

005

第一编
古蜀雄风——青铜雕像群

S1—003 青铜立人像的侧面

三星堆现场

S1—004 青铜立人像的冠冕

S1—005 青铜立人像衣服纹饰

## 008

三星堆现场

S1—006　青铜立人像赤足、底座

**青铜立人像底座由下而上分座基、座腿和座台。**

《三星堆祭祀坑》报告说，座腿为四个相连的龙头。有研究者说，从对角线看，座腿更像一个巨大的象头。

第一编
古蜀雄风——青铜雕像群

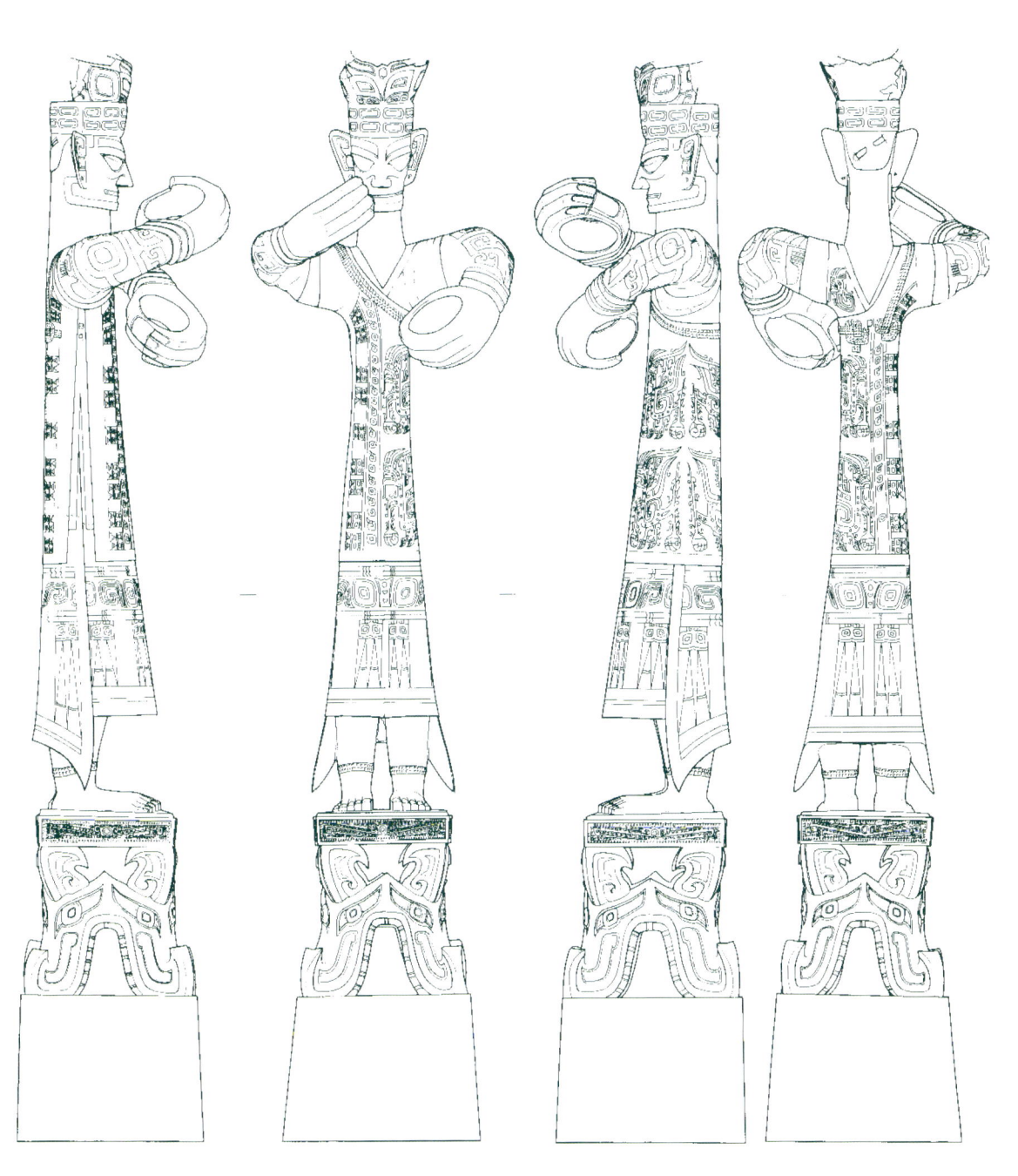

S1—007 青铜立人像线描图与图案

010

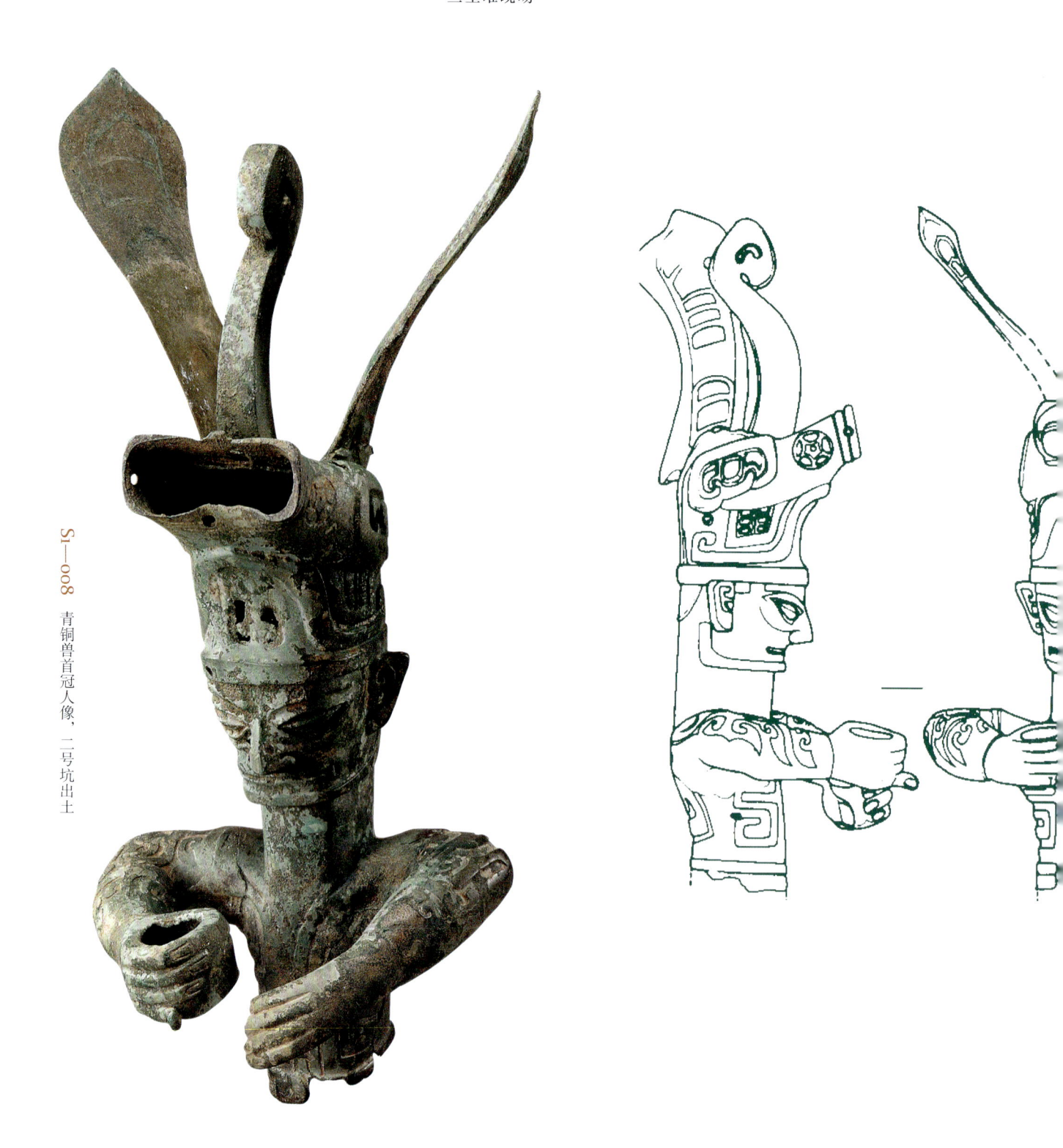

三星堆现场

S1—008 青铜兽首冠人像，二号坑出土

　　此青铜人像或说为《山海经》里的风神（风伯），头戴大张口兽冠。冠上的兽疑为神话传说里的飞（蜚）廉，一般认为是风神坐骑。

# 011

第一编
古蜀雄风——青铜雕像群

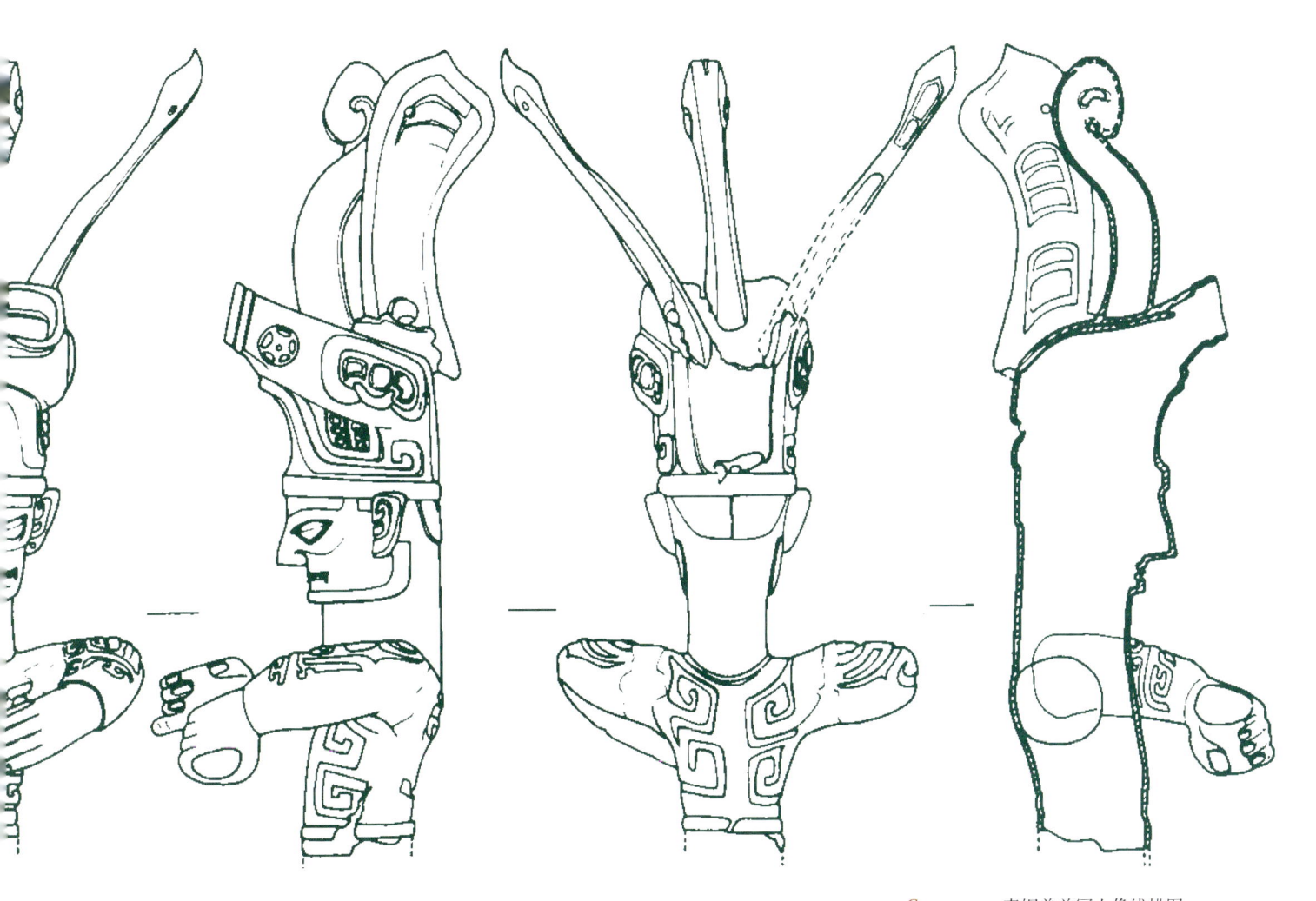

S1—009 青铜兽首冠人像线描图

012

三星堆现场

S1—010 青铜人像（残），二号坑出土

第一编
古蜀雄风——青铜雕像群

S1—011 青铜人面鸟身像，二号坑出土

**青铜人面鸟身像的造型极其神奇。**

其诡异的鸟身和圆卷的羽翅，反映出古蜀先民对生命永恒的追求。《山海经·海外南经》有羽民国、讙头国，其人皆为人面、鸟喙，带双翼，为不死之民。《楚辞·远游》："仍羽人于丹丘兮，留不死之旧乡。"王逸注："人得道，身生毛羽也。"中国道教"羽化登升""羽化成仙"（道士因称羽士）观念或当溯源至三星堆。

S1—012 青铜人面鸟身像（侧面）

第一编
古蜀雄风——青铜雕像群

# 青铜跪坐人像

S1—013　青铜跪坐人像，一号坑出土

S1—014　青铜跪坐人像（背面），一号坑出土

青铜喇叭座顶尊跪坐人像，二号坑出土

这件青铜人像，下身穿裙，上身裸露，双乳凸出，似为女性。有学者认为表现了古蜀神禖（古代求子的祭祀）文化与女神崇拜。

# 017

第一编
古蜀雄风——青铜雕像群

S1—016 青铜跪坐人像,二号坑出土

# 018

三星堆现场

S1—018　青铜跪坐人像，八号坑出土

S1—017　青铜跪坐人像，二号坑出土

## 第一编
古蜀雄风——青铜雕像群

S1—019 青铜侧腿跪坐人像，二号坑出土

这些青铜人像，身着对襟服，呈不同的蹲屈跪地状，可能代表着古蜀社会不同的身份。

## 020

三星堆现场

S1—020 青铜人像，二号坑出土

S1—021 青铜持璋人像（残），二号坑出土

青铜人像所持璋为仿玉牙璋。牙璋为夏商时期的重要礼器。

第一编
古蜀雄风——青铜雕像群

# 青铜人头像

S1—022 Aa 型青铜人头像，一号坑出土

此头像造型圆润，五官俊秀，线条柔和的脸庞衬托着杏状大眼和端庄的鼻梁，加上柳叶双眉和细腻的双唇，显得优雅而又自然，充满了青春女性之美，推测应是群像中的"公主"或巾帼英豪人物。

## 022

三星堆现场

S1—023 青铜人头像，一号坑出土

此头像的头顶为子母口，头饰或冠帽已脱落。

S1—024　戴帽青铜人头像，一号坑出土

S1—025 戴帽青铜人头像，一号坑出土

此头像颈下部已被火烧残。

025

第一编
古蜀雄风——青铜雕像群

S1—026 戴帽青铜人头像，一号坑出土

S1—027 盘辫青铜人头像，二号坑出土

026

三星堆现场

S1—028　笄发青铜人头像，二号坑出土

027

第一编
古蜀雄风——青铜雕像群

S1—029 笄发青铜人头像侧面,二号坑出土

S1—030 笄发青铜人头像背面,二号坑出土

## 028

三星堆现场

S1—031 平顶辫发青铜人头像，二号坑出土

S1—032 平顶辫发青铜人头像后部，二号坑出土

## 第一编
### 古蜀雄风——青铜雕像群

Sj—034 青铜人头像，二号坑出土

Sj—033 青铜人头像，二号坑出土

Sj—036 青铜人头像，二号坑出土

Sj—035 青铜人头像，二号坑出土

030

三星堆现场

S1—038 青铜人头像，二号坑出土

S1—037 青铜人头像，二号坑出土

S1—039 青铜人头像，二号坑出土

S1—040 青铜人头像，二号坑出土

S1—041 青铜人头像，二号坑出土

　　这些众多青铜人头像，用于祭祀活动时，推测应该另有木柱或身躯之类的附属物配合使用。这些配合安装使用的身躯，有可能是木制的，也可能是泥塑的。

　　三星堆青铜人头像的发饰，分笄发与辫发两种。笄发者少，辫发者多；前者神情严肃些，后者较为轻松。推测前者地位高于后者。有研究者进而指出，笄发者可能是神职人员，辫发者或系贵族，这属于三星堆统治阶层的两个族群。到了金沙遗址，其青铜人像和石跪坐人像都是辫发，显示出古蜀国社会已发生剧变。

# 金面罩青铜人头像

S1—042 金面罩青铜人头像,二号坑出土。

这些戴黄金面罩的青铜人头像,由于粘贴了金灿灿的黄金面罩而增添了一种威严尊贵的气质。

Sj—043 金面罩青铜人头像，二号坑出土

S1—044 金面罩青铜人头像,二号坑出土

036

三星堆现场

S1—045 金面罩青铜人头像，二号坑出土

## 第一编
### 古蜀雄风——青铜雕像群

S1—046 金面罩青铜人头像,二号坑出土

# 038

三星堆现场

S1—047　金面罩青铜人头像，二号坑出土

第一编
古蜀雄风——青铜雕像群

S1—048 金面罩青铜人头像，二号坑出土

　　黄金面具并非三星堆遗址独有，郑州商墓亦出土一件，距今 3500 年；希腊迈锡尼黄金面具距今 3700 年，埃及图坦卡蒙黄金面具距今 3400 年。它们虽都比三星堆黄金面具（距今 3200 年）年代要早，但却缺乏传播的中间环节。更重要的是，三星堆黄金面具乃用于神祇祭祀，其他遗址的黄金面具则用于逝者覆面。

　　**三星堆的黄金面具反映了古蜀独特的文化风格，应是古蜀工匠的独创作品。**

S1—049 金面罩青铜人头像，二号坑出土

041

第一编
古蜀雄风——青铜雕像群

S1—050　金面罩青铜人头像，二号坑出土

# 隐入天堂

## 青铜面具系列

### 第二编

艺术人类学告诉我们，面具是人类探索未知世界的一种文化符号。三星堆面具是中国早期的"文化隐士"。古蜀人之所以使用面具，其实是赋予自己进入另一个世界的能力。

三星堆出土的青铜人面像，或称铜人面具，大都为半圆雕面具类造型。

一号坑出土的几件小型早期青铜人面像，具有简朴写实的特点。

二号坑出土的青铜人面像则神态威武、粗犷豪放，洋溢着英雄阳刚之气，在形态塑造上表现出古蜀工匠丰富的想象力。它们高鼻阔嘴，宽额长耳，刀形粗眉，杏状大眼，有着典型凸起的目棱和鼻棱，有的眉部和眼眶、眼珠等处曾用黑彩描绘过，还有的唇缝中涂有朱色颜料，有栩栩如生的效果。

最引人注目的是三件纵目人面像，不仅体形庞大，而且眼球凸出眼眶，双耳更是极尽夸张，长大形似兽耳，大嘴亦阔至耳根，简直匪夷所思。它们唇吻三重嘴角上翘的微笑状，则给人以神秘和亲切之感。这类糅合了人兽特点的硕大纵目青铜人面像，为三星堆青铜雕像群增添了煊赫的气势和强大的艺术感染力。

三星堆八个坑出土神态各异、大大小小的青铜面具五六十件，大者如二号坑出土的宽138厘米、高66厘米的纵目人大面具，三号坑出土的重达65.5千克的特大面具，小者如八号坑出土的高仅5厘米的"迷你版"纵目面具。这样的面具系列具有沟通人与图腾或祖先或神的世界的功用。论者认为它们既是蜀人传说中的已故祖先（蚕丛、鱼凫等）魂灵的象征，又是天堂上帝诸神及各种自然神灵的集合。它们也是古蜀人进入神秘天堂的渡船。蜀王和祭司（巫师）们平时将它们供奉于王室宗庙，需要时即请出来顶礼膜拜，以与天地神祇及祖先对话。

## 青铜纵目人面像

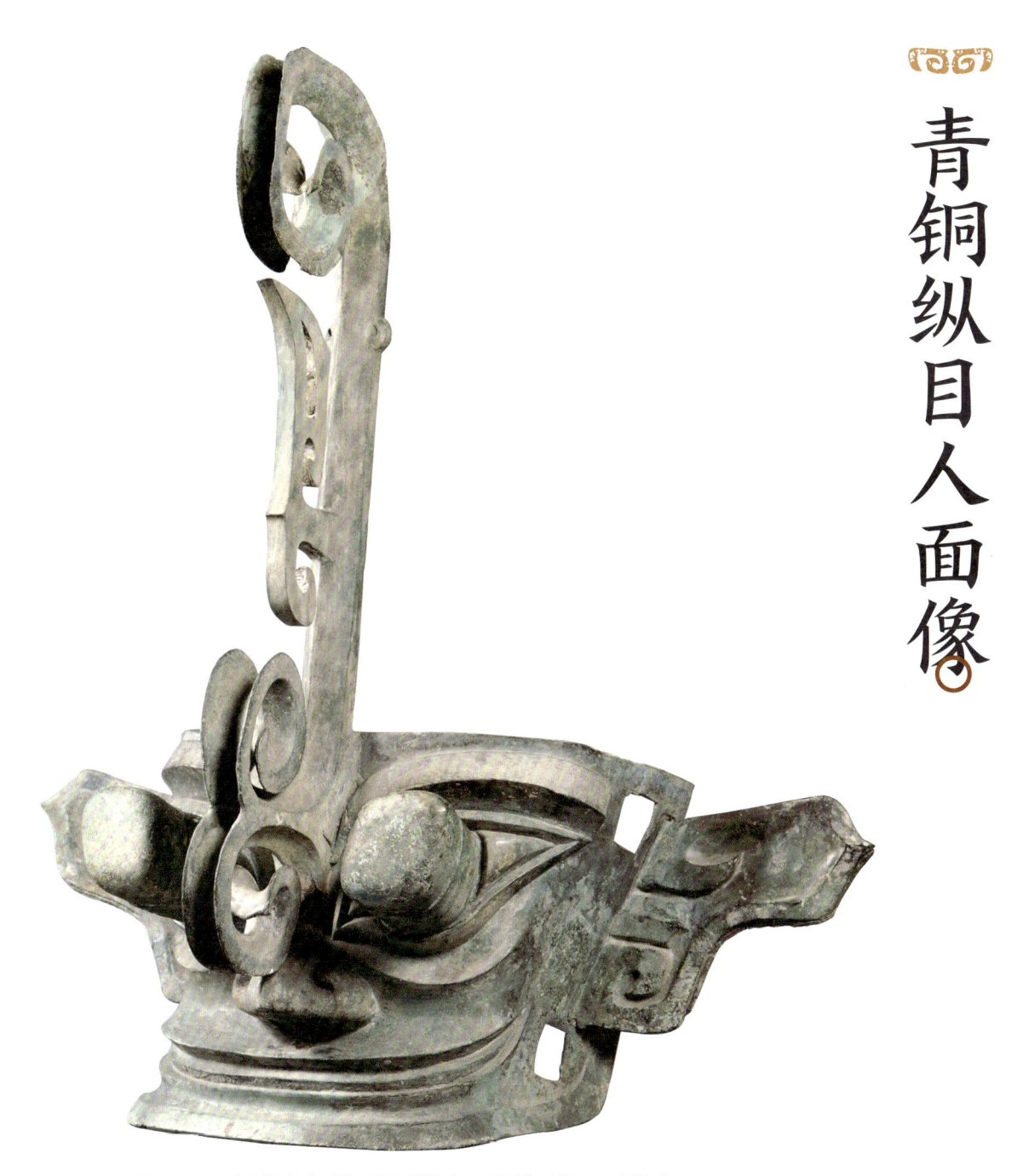

S2—001　青铜纵目人面像（发掘报告称 A 型铜兽面具），二号坑出土

　　此青铜纵目人面像通高 82.5 厘米，宽 77.4 厘米，面具高 31.5 厘米。高耸的夔龙形额饰高 68.1 厘米，具有冲云入天之势。

S2—002　青铜纵目人面像（发掘报告称B型铜兽面具），二号坑出土

　　此青铜纵目人面像通高66厘米，宽138厘米，圆柱形眼珠凸出眼眶达16.5厘米，一般认为系《华阳国志·蜀志》描绘的蜀王蚕丛的"目纵"形象。或认为是神、鬼、人的集合体，为古蜀图腾崇拜物。

## 其他青铜人面具

S2—003  青铜人面具，二号坑出土

048

三星堆现场

S2—004　青铜人面具，二号坑出土

第二编
隐入天堂——青铜面具系列

S2—005　青铜人面具，二号坑出土

S2—006　青铜人面具，二号坑出土

S2—007 青铜人面具，二号坑出土

S2—008 青铜人面具，二号坑出土

S2—009 青铜人面具,二号坑出土

S2—010 青铜人面具,二号坑出土

## 052

三星堆现场

S2—011 青铜人面具,二号坑出土

053

第二编
隐入天堂——青铜面具系列

S2—012　青铜人面具，二号坑出土

S2—013　小型青铜人面具，二号坑出土

这些青铜人面像，有研究者认为它们额头与耳旁有用于悬挂或固定的方孔，应是固定在泥制或木制偶像上，或是悬挂在图腾柱或大型柱状建筑构件上使用的。

# 青铜兽面具

S2—014 青铜兽面具（A型），二号坑出土

　　三星堆二号坑出土的青铜兽面具，皆为薄片状，采用浅浮雕手法铸造而成。面部显示出夸张的人面特征，头顶与两侧的装饰物则展现出神奇的动物形态。有的兽面像颐下还铸有两条头部相向的夔龙，构成了一种将兽面拱起的生动形象。

三星堆现场

S2—015 青铜兽面具（A型），二号坑出土

S2—016 青铜兽面具（A型），二号坑出土

## 第二编
### 隐入天堂——青铜面具系列

S2—017　青铜兽面具（A型），二号坑出土

　　这些似兽非兽、似人非人的青铜兽面具，其狰狞威武的形态、龇牙咧嘴瞪目而视的表情、奇异的装饰和夸张的造型，显示出古蜀工匠丰富的想象力。

三星堆现场

S2—018 青铜兽面具（B型） 二号坑出土

S2—019 青铜兽面具（B型） 二号坑出土

## 第二编
隐入天堂——青铜面具系列

S2—020 青铜兽面具（B型），二号坑出土

这些青铜兽面具，形似鬼脸与假面，推测其用途可能在祭祀时为巫师所佩戴，也可能是祭祀活动中使用的装饰物。

S2—021　青铜兽面具（C型），二号坑出土

S2—022　青铜兽面具（C型），二号坑出土

S2—023　青铜兽面具（C型），二号坑出土

青铜兽面展现出狰狞之美，类似后世的傩面，以收驱鬼逐疫之效果。

## 新出土面具

S2—024　青铜人大面具

S2—025　青铜人面具

## 062

三星堆现场

S2—026　青铜人面具

第二编
隐入天堂——青铜面具系列

S2—027　青铜人面具

064

三星堆现场

S2—028 青铜人面具

## 第二编
### 隐入天堂——青铜面具系列

S2—029　青铜人小面具

S2—030 青铜人小面具

第二编
隐入天堂——青铜面具系列

S2—031　青铜纵目人小面具，八号坑出土

# 至尊至贵

## 其他青铜器

### 第三编

三星堆八个坑共出土青铜器 2100 余件，除去人物雕像群（包括各类面具）外，还有动物雕像、祭器、礼器和其他杂物（包括少量兵器）。

其中以用于祭祀活动的祭器、用于与神灵沟通的礼器为大宗。

它们以宏大的集群及神奇的造型，展示了古蜀人虔诚的祭祀场景和丰富的礼仪活动，给后世提供了探究三星堆蜀人的社会形态、权力结构和精神世界的珍贵实证。

## 青铜神树与祭祀器物

S3—001 三星堆 I 号大型青铜神树，二号坑出土

**青铜神树采用分段铸造法，运用套铸、铆铸、嵌铸工艺加工成型，是我国目前发现的体形最大的古代青铜器。八个坑先后发现十件，已修复三件。**

其中 I 号神树高 396 厘米，由底座、树身、游龙三部分组成。树身主干套铸三层树枝，每层出三枝。树上有九只立鸟，鸟喙均作鹰嘴状。不少学者根据《山海经》《淮南子》的记载，认为它就是神话传说中的扶桑或建木、若木（或三位一体）。其上应有十只鸟，一只鸟因枝头残而丢失。十只鸟即十个太阳，故鸟可称为太阳鸟或金乌；神树即为太阳树，又或通天树，是诸神来往天堂与人间的天梯。有学者认为神树应是古蜀部落－部族的图腾树（或复合图腾树），或擎天树，或祭祀树。它形象地展现了古蜀人天人合一的哲学思想，反映出他们对美好生活的向往。

S3—002 1号大型青铜神树

Ⅱ号青铜神树残部,二号坑出土

此青铜神树分树座和树干两部分。树座圆形座圈三面各起一方台,台上各有一跪坐小人,均高19厘米,两臂平举呈持握状,可能表现的是祭祀场景。该神树修复(研究性复原)后高约2.88米。

S3—004 青铜神坛（局部），二号坑出土

## 第三编
### 至尊至贵——其他青铜器

S3—005 青铜太阳形器，二号坑出土

采用二次铸造法成型。二号坑发现可组合为六件个体的残部件，经修复复原有两件。本图展示者直径84厘米，另一件直径85厘米，均呈圆形，中心似轮毂的大圆泡直径约25厘米，有五根似轮辐的放射状直条与外圈相连。

有学者据外观而称之为轮形器，《三星堆祭祀坑》定名为太阳形器。它可能是三星堆先民太阳崇拜的遗物。

S3—006 青铜树座，二号坑出土

# 077

第三编
至尊至贵——其他青铜器

S3—007 人身形铜牌饰，二号坑出土

# 动物形青铜器

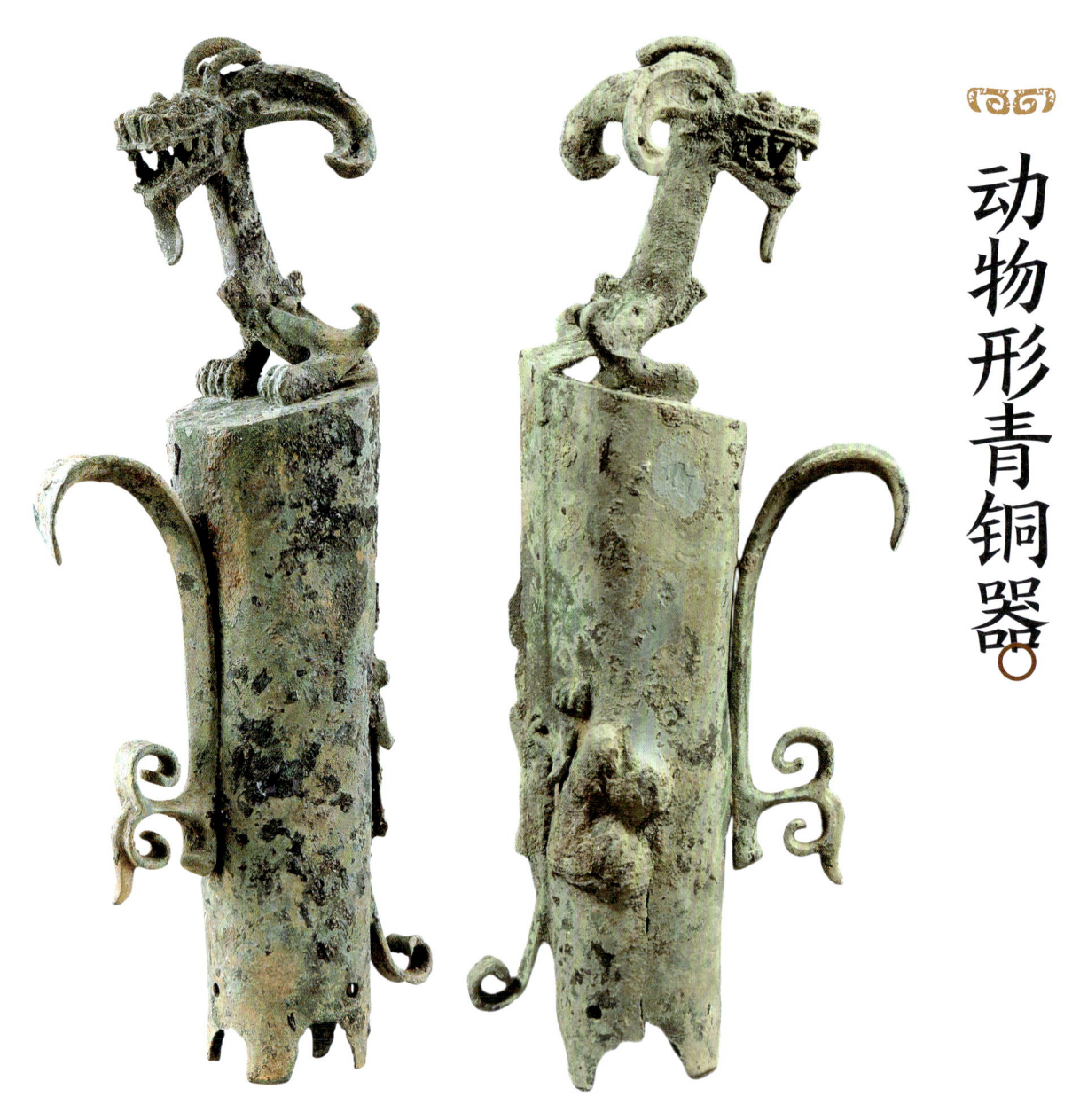

S3—008 青铜龙柱形器，一号坑出土

　　此青铜龙柱形器柱断面呈椭圆形。整柱高41厘米，宽18.8厘米，柱上端最大直径9厘米。由器身和爬龙两部分组成。器顶铸有昂首爬龙，身尾垂于器壁，后爪紧抱器身，前爪粗壮如虎爪，显得威武有力，昂起的龙头怒目张牙做啸吼状。最为奇异的是长着一对弯长的巨耳，并长着羊的弯角和羊的胡须。

　　论者认为这是羊图腾与龙图腾的结合物，反映出古蜀社会不同族群的信仰状况及对不同族群的包容状况。

S3—009 青铜龙形饰件，二号坑出土

三星堆现场

S3—010 青铜龙形饰件,二号坑出土

# 081

第三编
至尊至贵——其他青铜器

S3—011 青铜龙形饰件,二号坑出土

# 082

三星堆现场

S3—012　青铜龙形饰件，一号坑出土

## 第三编
### 至尊至贵——其他青铜器

S3—013 青铜虎形器,一号坑出土

史前时期直至夏商周三代,虎崇拜是一种普遍现象,特别是在北起甘青、南抵滇黔的整个横断山区各部落中,更是如此。在这一地区占据主导地位、出自古氐羌系的西南各部落－部族,大抵都奉白虎或黑虎为图腾(或图腾之一)。

巴人崇虎,自称是白虎之后。蜀人也崇虎,三星堆出土的青铜虎头龙身像、青铜虎形兽、青铜龙虎尊、嵌绿松石青铜虎、虎形金箔等,就是例证。

这件虎形器,虎身肥硕,做圆圈状,四足立于一圆圈座上。虎眼圆瞪,双耳大而尖圆,龇牙咧嘴,昂首立尾,看似威猛,实为憨态,令人怜爱。它也许是神庙里某一重器的配器或配件。

S3—015 青铜蛇,二号坑出土

S3—014 青铜怪兽,二号坑出土

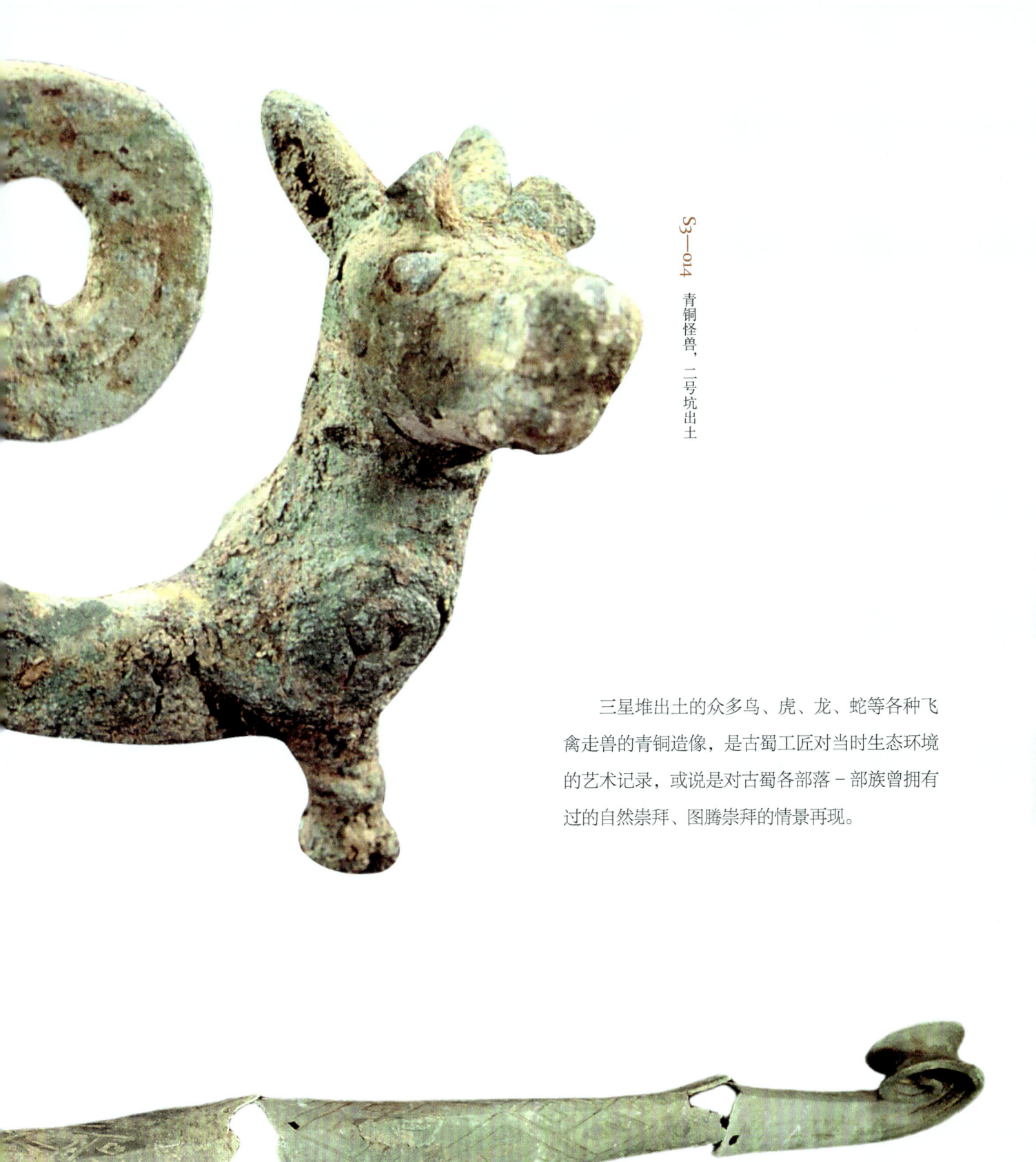

三星堆出土的众多鸟、虎、龙、蛇等各种飞禽走兽的青铜造像,是古蜀工匠对当时生态环境的艺术记录,或说是对古蜀各部落-部族曾拥有过的自然崇拜、图腾崇拜的情景再现。

S3—016　青铜神兽，神坛底部，二号坑出土

第三编
至尊至贵——其他青铜器

S3—017 青铜鸟首挂铃,二号坑出土

S3—018 青铜鸟首挂铃,二号坑出土

S3—019 青铜鸟首，二号坑出土

S3—020 青铜鸟首，二号坑出土

090

三星堆现场

S3—021 青铜凤鸟，二号坑出土

# 091

第三编
至尊至贵——其他青铜器

S3—022 青铜凤鸟,二号坑出土

S3—023 青铜鸟,二号坑出土

S3—024 青铜鸟,二号坑出土

S3—025 青铜鸟,二号坑出土

S3—026 青铜圆尊肩部的铜鸟,二号坑出土

第三编
至尊至贵——其他青铜器

S3—027 青铜圆尊肩部的铜鸟，二号坑出土

S3—028 青铜鸟，二号坑出土

S3—029 青铜鸟，二号坑出土

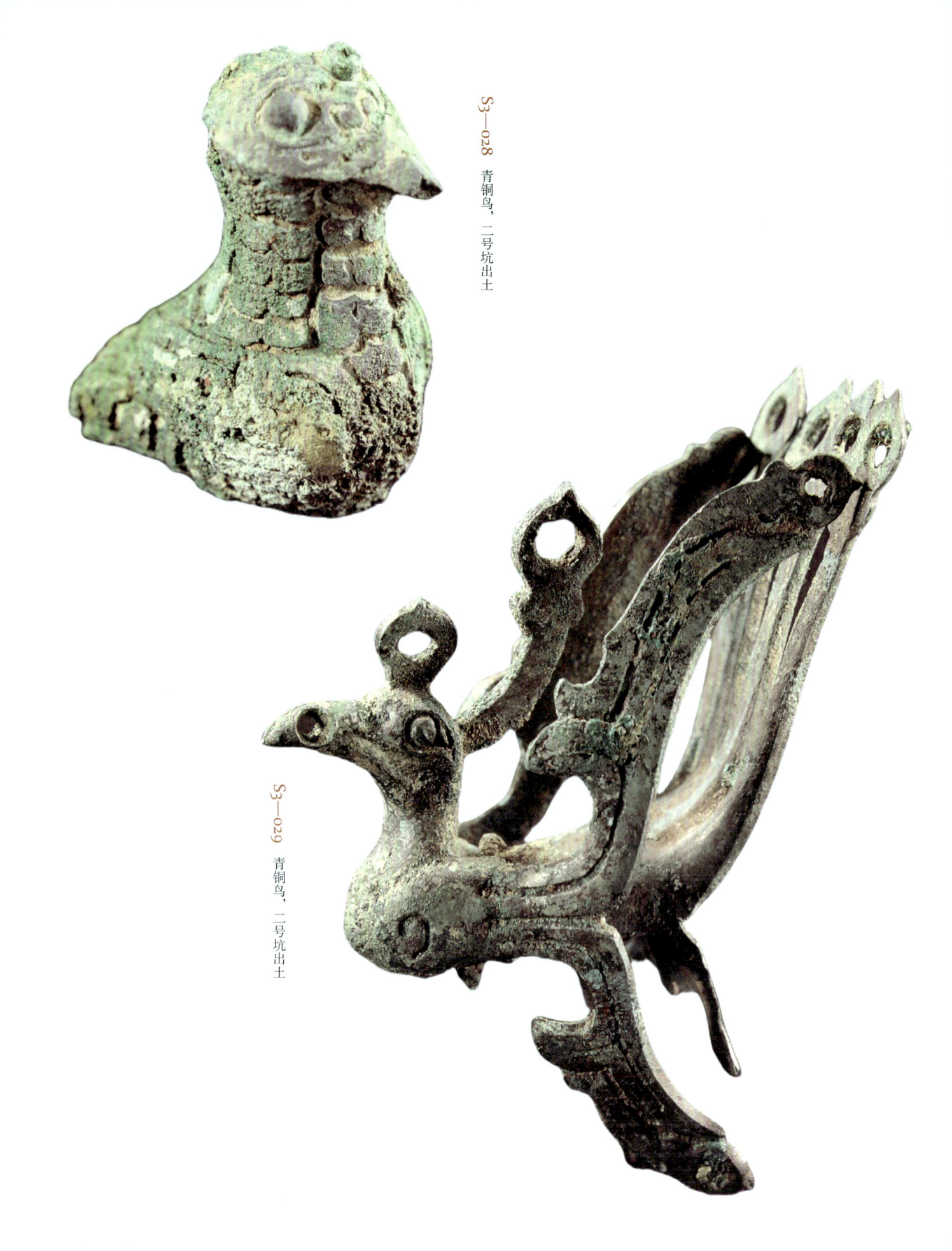

## 097

第三编
至尊至贵——其他青铜器

S3—030  青铜鸟形饰，二号坑出土

S3—031 青铜鸟形饰，二号坑出土

## 第三编
### 至尊至贵——其他青铜器

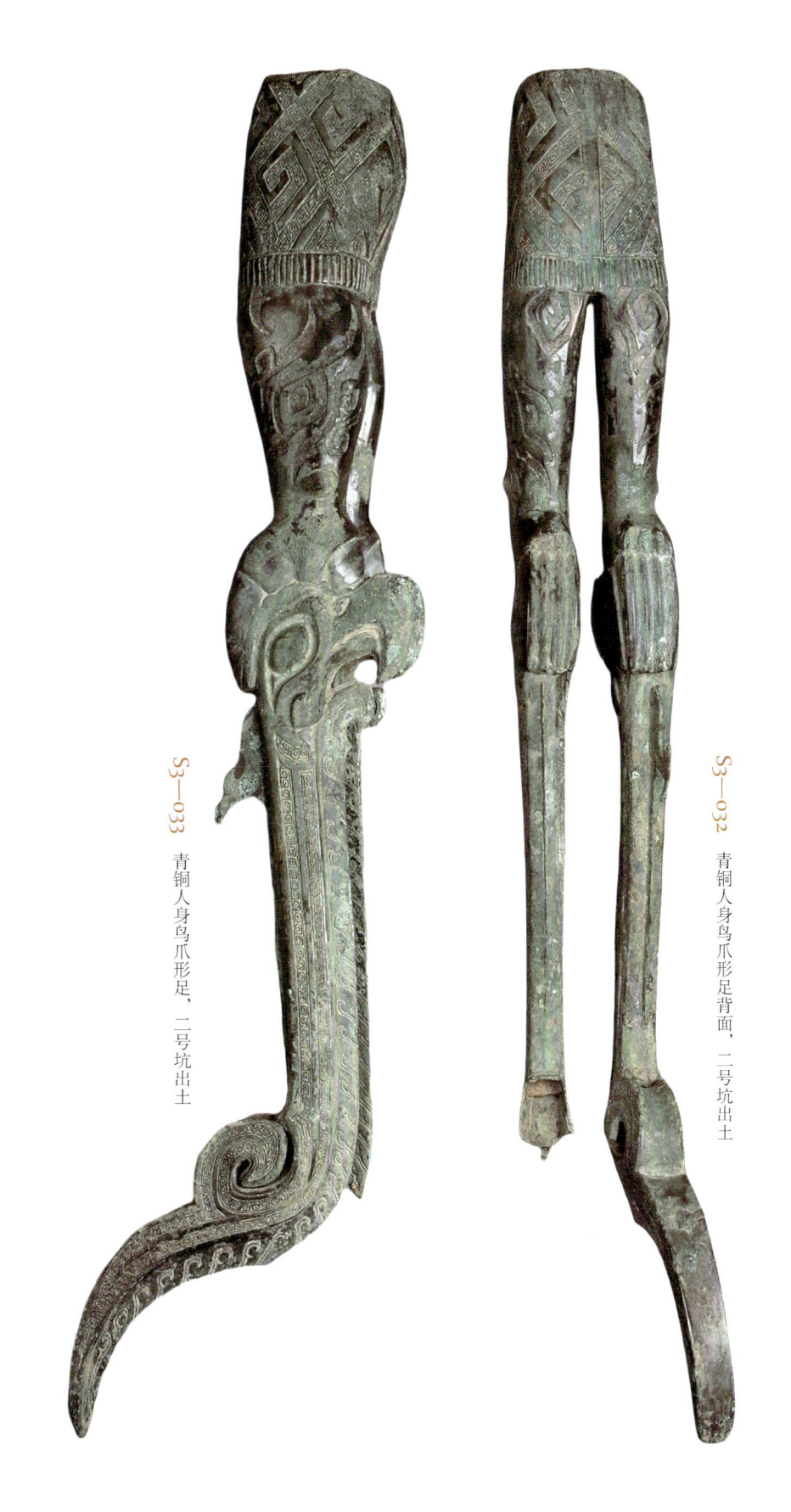

S3—033 青铜人身鸟爪形足，二号坑出土

S3—032 青铜人身鸟爪形足背面，二号坑出土

S3—034 青铜公鸡,二号坑出土

S3—036 青铜鲇鱼，二号坑出土

S3—035 青铜水牛头，二号坑出土

# 容器与礼器

S3—037 青铜龙虎尊，一号坑出土

　　三星堆出土的青铜尊和青铜罍，应是古代蜀人对商文化中青铜礼器的模仿，反映了古蜀与中原一直有着比较密切的关系。

第三编
至尊至贵——其他青铜器

S3—038 青铜圆尊，二号坑出土

## 104

三星堆现场

S3—039 青铜圆尊、二号坑出土

S3—040 青铜圆尊、二号坑出土

## 第三编
### 至尊至贵——其他青铜器

S3—041 青铜圆尊,二号坑出土

S3—042 青铜圆尊，二号坑出土

S3—043 青铜圆尊,二号坑出土

S3—044 青铜圆尊（残），二号坑出土

S3—045　青铜圆罍，二号坑出土

## 110

三星堆现场

S3—046 青铜圆罍，二号坑出土

第三编
至尊至贵——其他青铜器

S3—047 青铜圆罍，二号坑出土

三星堆现场

S3—048 青铜圆罍，二号坑出土

## 第三编
### 至尊至贵——其他青铜器

S3—049 青铜圆罍盖钮，二号坑出土

S3—050　有领青铜瑗，二号坑出土

S3—051　有领青铜瑗，二号坑出土

第三编
至尊至贵——其他青铜器

S3—052　有领青铜瑗，二号坑出土

S3—053　有领青铜瑗，二号坑出土

S3—054 戚形方孔青铜璧，二号坑出土

第三编
至尊至贵——其他青铜器

S3—055　戚形方孔青铜璧，二号坑出土

S3—056　戚形方孔青铜璧，二号坑出土

S3—057 戚形方孔青铜璧,二号坑出土

# 挂饰与青铜铃

S3—058　太阳形青铜挂饰，二号坑出土

S3—059  青铜挂饰，二号坑出土

第三编
至尊至贵——其他青铜器

S3—060　圆形青铜挂饰，二号坑出土

S3—061　圆形青铜挂饰，二号坑出土

## 122

三星堆现场

S3—062　圆形青铜挂饰，二号坑出土

# 第三编
## 至尊至贵——其他青铜器

S3—063　桃形青铜板，八号坑出土

三星堆现场

S3—064 龟背形青铜挂饰，二号坑出土

### 第三编
### 至尊至贵——其他青铜器

S3—065 龟背形青铜挂饰，二号坑出土

S3—066 龟背形青铜挂饰,二号坑出土

S3—067 扇贝形青铜挂饰，二号坑出土

128

三星堆现场

S3—068　扇贝形青铜挂饰，二号坑出土

第二编
至尊至贵——其他青铜器

S3—069　扇贝形青铜挂饰，二号坑出土

S3—070　扇贝形青铜挂饰，二号坑出土

三星堆现场

S3—071 扇贝形青铜挂饰,二号坑出土

## 第三编
### 至尊至贵——其他青铜器

S3—072 扇贝形青铜挂饰 二号坑出土

S3—073　扇贝形青铜挂饰，二号坑出土

# 第三编
## 至尊至贵——其他青铜器

S3—074 扇贝形青铜挂饰,二号坑出土

S3—075 扇贝形青铜挂饰,二号坑出土

S3—076 扇贝形青铜挂饰,二号坑出土

S3—077 扇贝形青铜挂饰，二号坑出土

S3—078 扇贝形青铜挂饰,二号坑出土

S3—079 扇贝形青铜挂饰,二号坑出土

S3—080 青铜挂饰，二号坑出土

三星堆现场

S3—081 青铜挂饰，二号坑出土

S3—082 青铜挂饰，二号坑出土

S3—083 人像青铜牌饰，八号坑出土

S3—084　花朵形青铜铃，二号坑出土

## 第三编
### 至尊至贵——其他青铜器

S3—085　双耳青铜铃，七号坑出土

## 142

三星堆现场

S3—086　青铜铃，三号坑出土

S3—087 青铜铃，八号坑出土

## 144

三星堆现场

S3—088 双耳青铜铃、二号坑出土

S3—089 双耳青铜铃、二号坑出土

第三编
至尊至贵——其他青铜器

S3—090 双耳青铜铃,二号坑出土

S3—091 双耳青铜铃,二号坑出土

S3—092 青铜铃挂架，二号坑出土

S3—093 双耳青铜铃，二号坑出土

S3—094 双耳青铜铃及挂架，二号坑出土

148

三星堆现场

S3—095 双耳青铜铃及挂架，三号坑出土

第三编
至尊至贵——其他青铜器

S3—096　双耳青铜铃，二号坑出土

S3—097 双耳青铜铃,二号坑出土

# 青铜戈及杂件

S3—098　青铜戈，一号坑出土

　　三星堆出土有一些青铜戈，长度一般在 20 厘米左右，两面刃部成锯齿状，中脊较厚有凸棱，阑部正中有一圆孔便于穿系捆扎在长杆上使用，很明显是实战用的兵器。

　　根据《尚书·牧誓》记述，蜀王派军队参加过武王灭纣的战争。蜀王朝建立有军队，从文献和考古资料都可获得印证。

S3—100 青铜戈，一号坑出土

S3—099 青铜戈，二号坑出土

## 第三编
### 至尊至贵——其他青铜器

S3—101 青铜戈，一号坑出土

S3—102 青铜戈，二号坑出土

S3—103 青铜戈，二号坑出土

S3—105 青铜戈,二号坑出土

S3—104 青铜戈,一号坑出土

S3—107 青铜戈，二号坑出土

S3—106 青铜戈，二号坑出土

S3—109 青铜戈,一号坑出土

S3—108 青铜戈,二号坑出土

S3—110 青铜眼形器，二号坑出土

S3—111 青铜眼形器，二号坑出土

158

三星堆现场

S3—112　青铜眼形器，二号坑出土

第三编
至尊至贵——其他青铜器

S3—113　青铜眼形器，二号坑出土

三星堆现场

S3—114 青铜眼形器、二号坑出土

第三编
至尊至贵——其他青铜器

S3—115　青铜眼形器，二号坑出土

S3—116 青铜眼形器,二号坑出土

## 第三编
### 至尊至贵——其他青铜器

S3—117　青铜眼形器，二号坑出土

S3—118 青铜眼形器,八号坑出土

第三编
至尊至贵——其他青铜器

S3—119 镶嵌绿松石兽面纹青铜牌饰，三星堆遗址出土

镶嵌绿松石青铜虎形牌饰,三星堆遗址出土

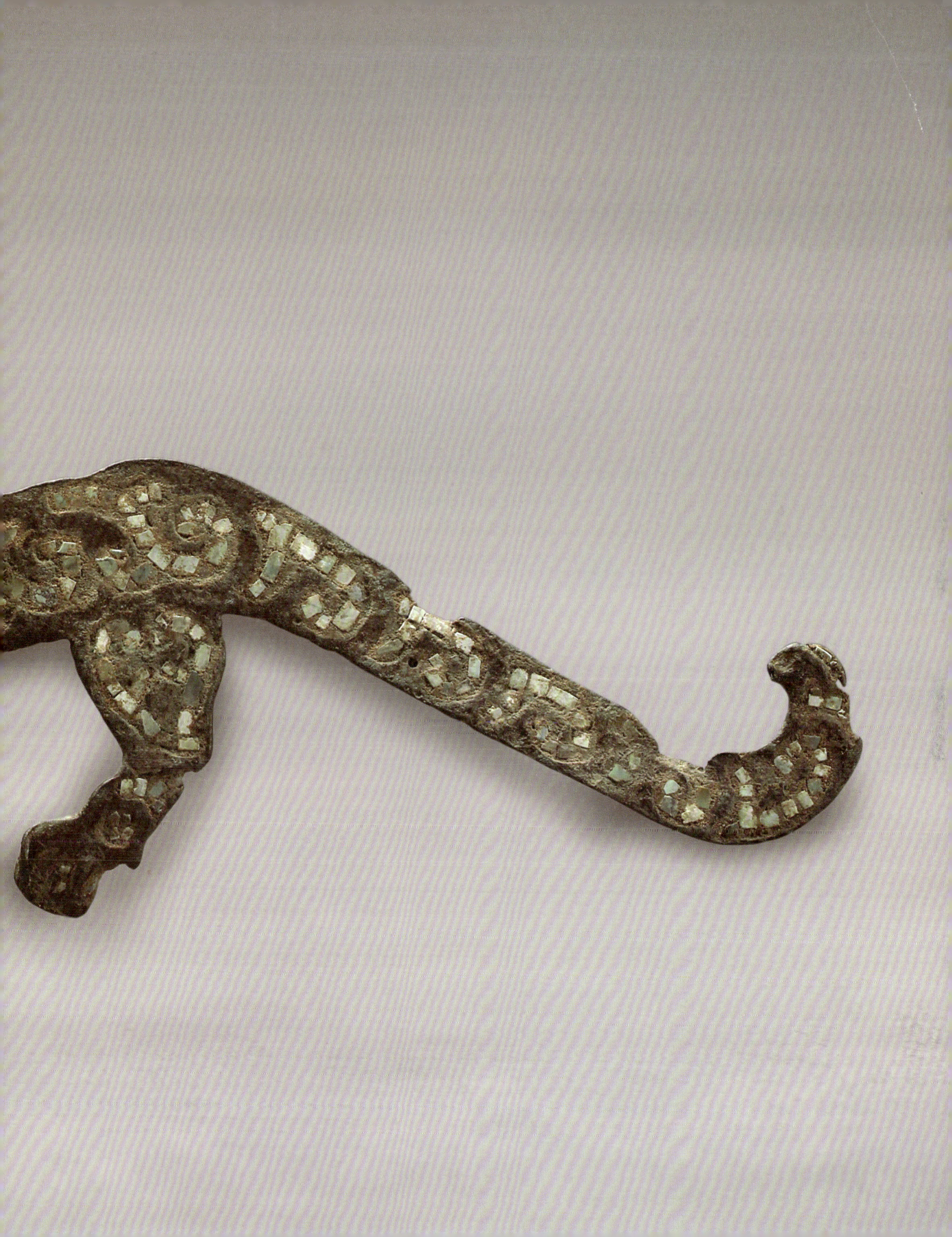

青铜六角形器,二号坑出土

第三编
至尊至贵——其他青铜器

S3—122　青铜花苞，七号坑出土

# 吹影镂尘

## 金器系列

第四编

人类已知最早使用黄金制品的地区是今保加利亚境内的瓦尔纳与古埃及、美索不达米亚平原。它们使用黄金制品的时间为距今六七千年至四五千年，主要用于陪葬和日常装饰。国内最早的黄金制品出现在北方草原游牧地区，如新疆温泉阿敦乔鲁石板墓、甘肃玉门火烧沟遗址和内蒙古赤峰夏家店下层文化遗址。

它们距今 3900 年至 3500 年，均属于青铜时代早期文化遗存，在夏代范围内。

商代早中期，在郑州商城遗址、武汉盘龙城杨家湾墓地、北京平谷刘家河墓地也发现有小型金制品。它们距今 3500 年至 3300 年。三星堆八个坑发现的 600 余件金器在年代上要晚些，距今 3200 年至 3000 年。

但与其他遗址发现的黄金制品不同的是，三星堆金器可谓井喷式发现：数量巨大、特别集中（八个坑在 720 平方米范围内）、发现时限短（1986 年—2022 年）。其用途亦显出古蜀文化的鲜明特点：用于与神对话、与神沟通。

## 金杖与面罩

这根长143厘米、直径2.3厘米的金杖，用纯金皮包卷而成，重463克，出土时已压扁变形。经整理后金皮展开的宽度为7.2厘米，金杖上端雕刻有长达46厘米的精美纹饰图案。

从杖内存有炭化木质推测，这是一根用金皮包裹而成的木芯金皮杖。

S4—002 金杖，一号坑出土

S4—001 一号坑金杖出土面貌

S4—003 金杖,一号坑出土

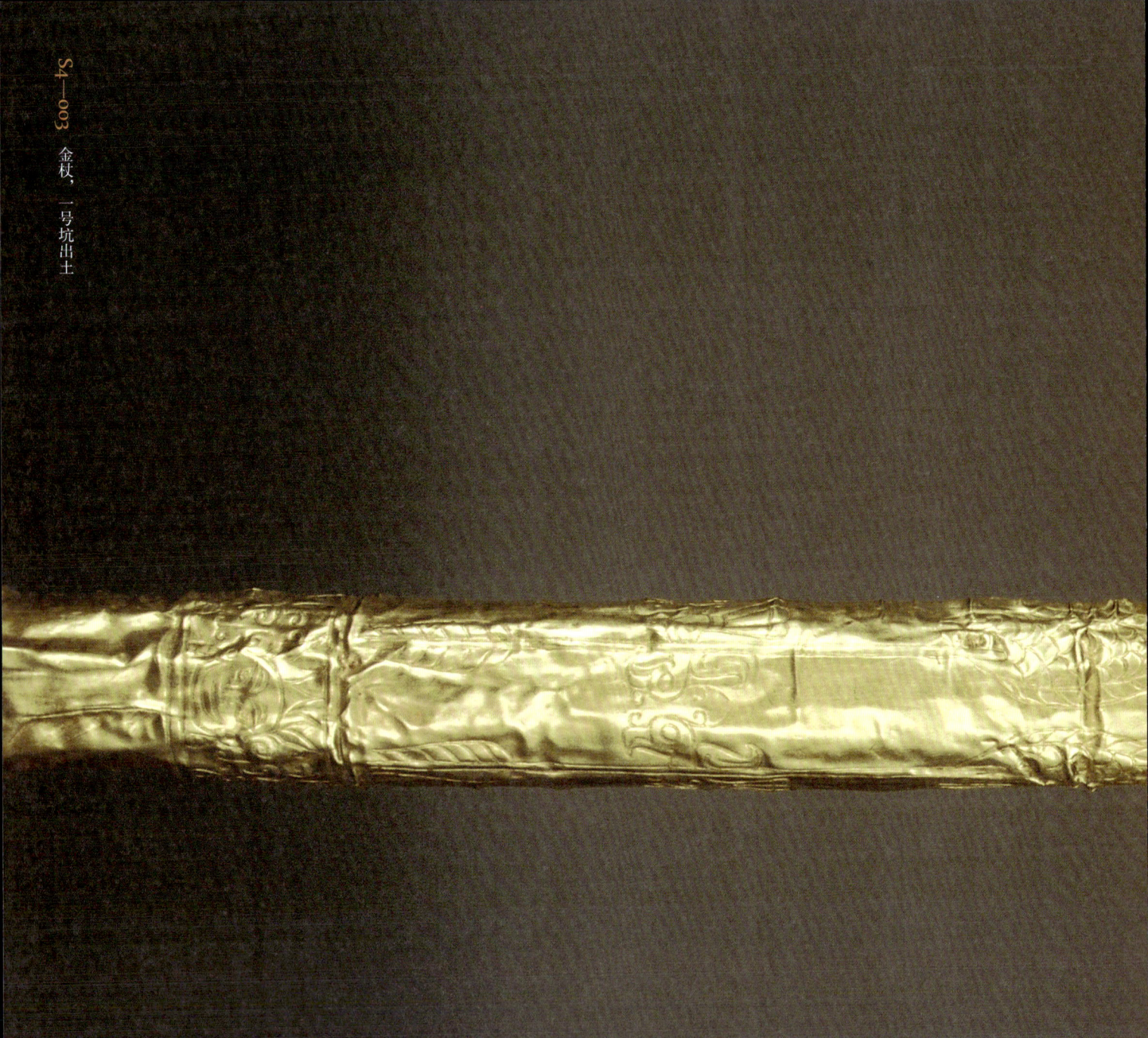

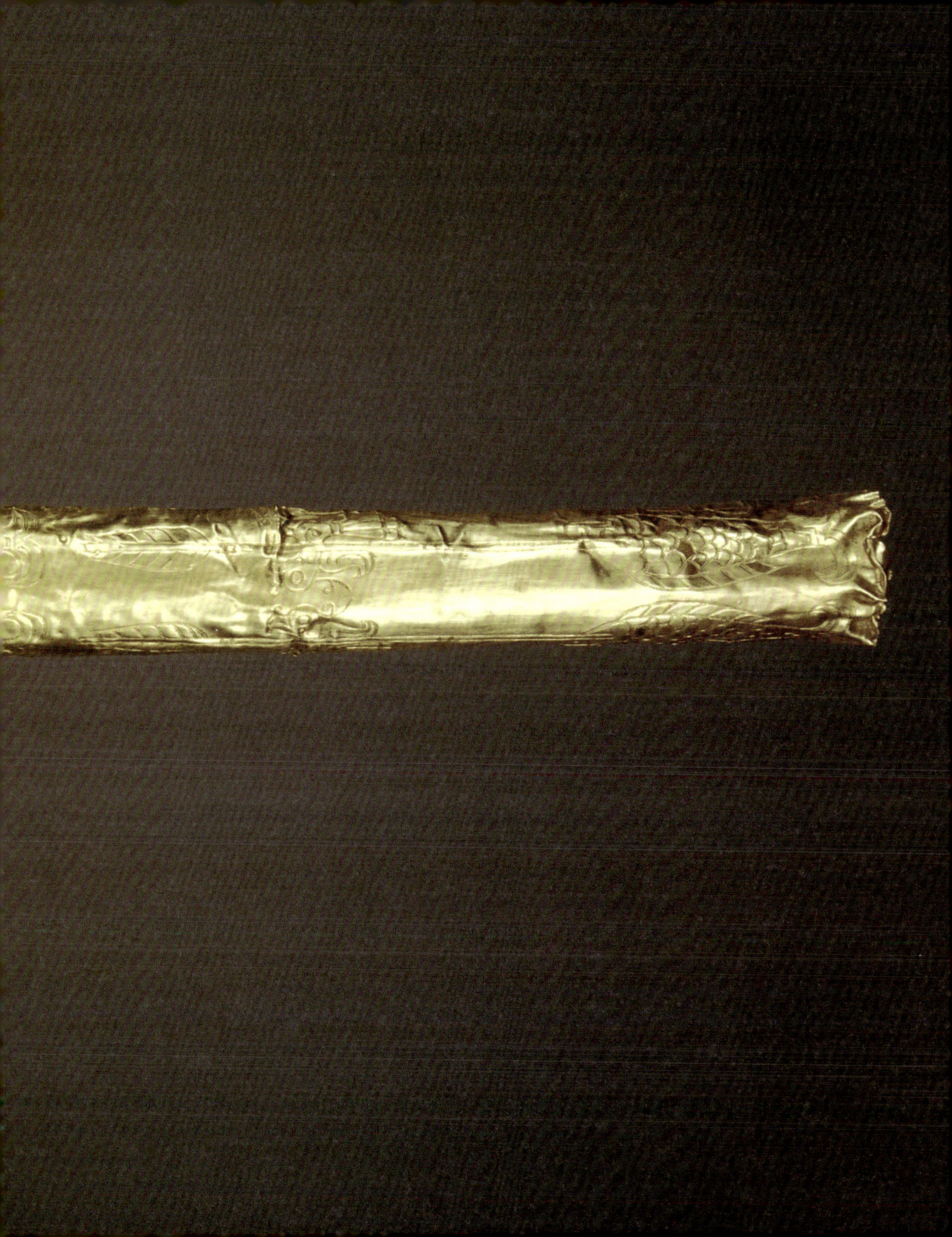

S4—004 金杖与图案

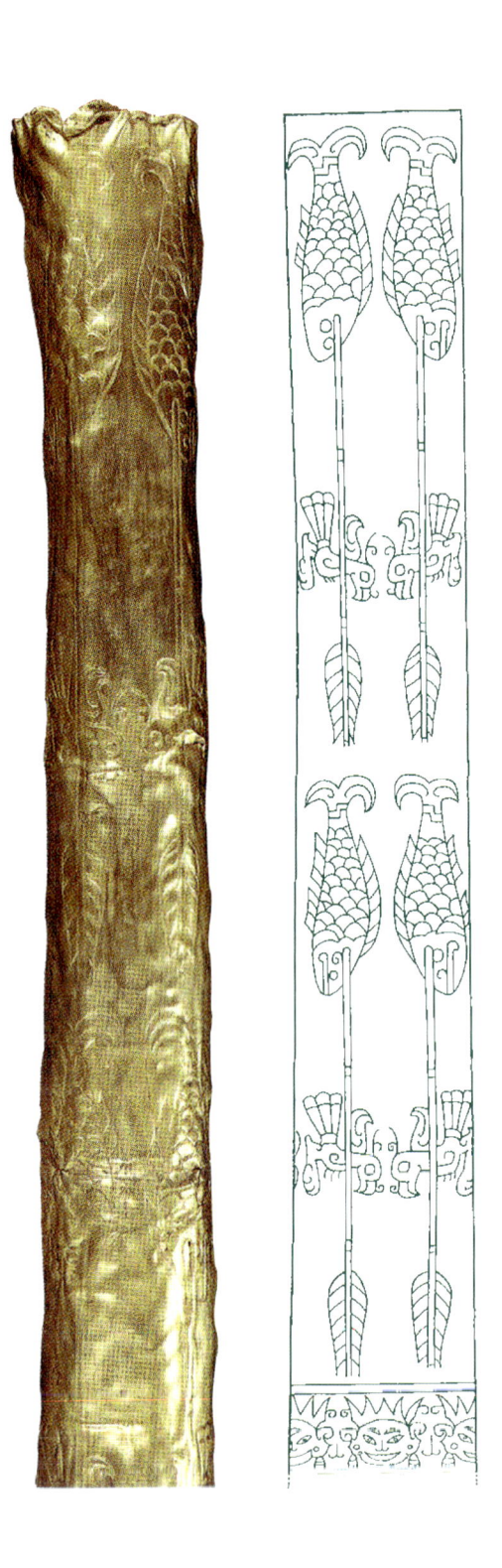

金杖图案特别引人注目。其平雕纹饰画面可分为三组。上面两组内容相同，都是两支羽箭各经过鸟颈射入鱼的头部，箭为长杆，箭尾有羽，鸟和鱼皆两背相对，共四鸟四鱼四支羽箭，显示了对称美的表现手法。

第四编
吹影镂尘——金器系列

S4—005 金虎形饰，一号坑出土

这一金虎形饰兼具虎与蚕的特征，其虎身如同一弯曲的蚕体，造型充满了神奇的想象。

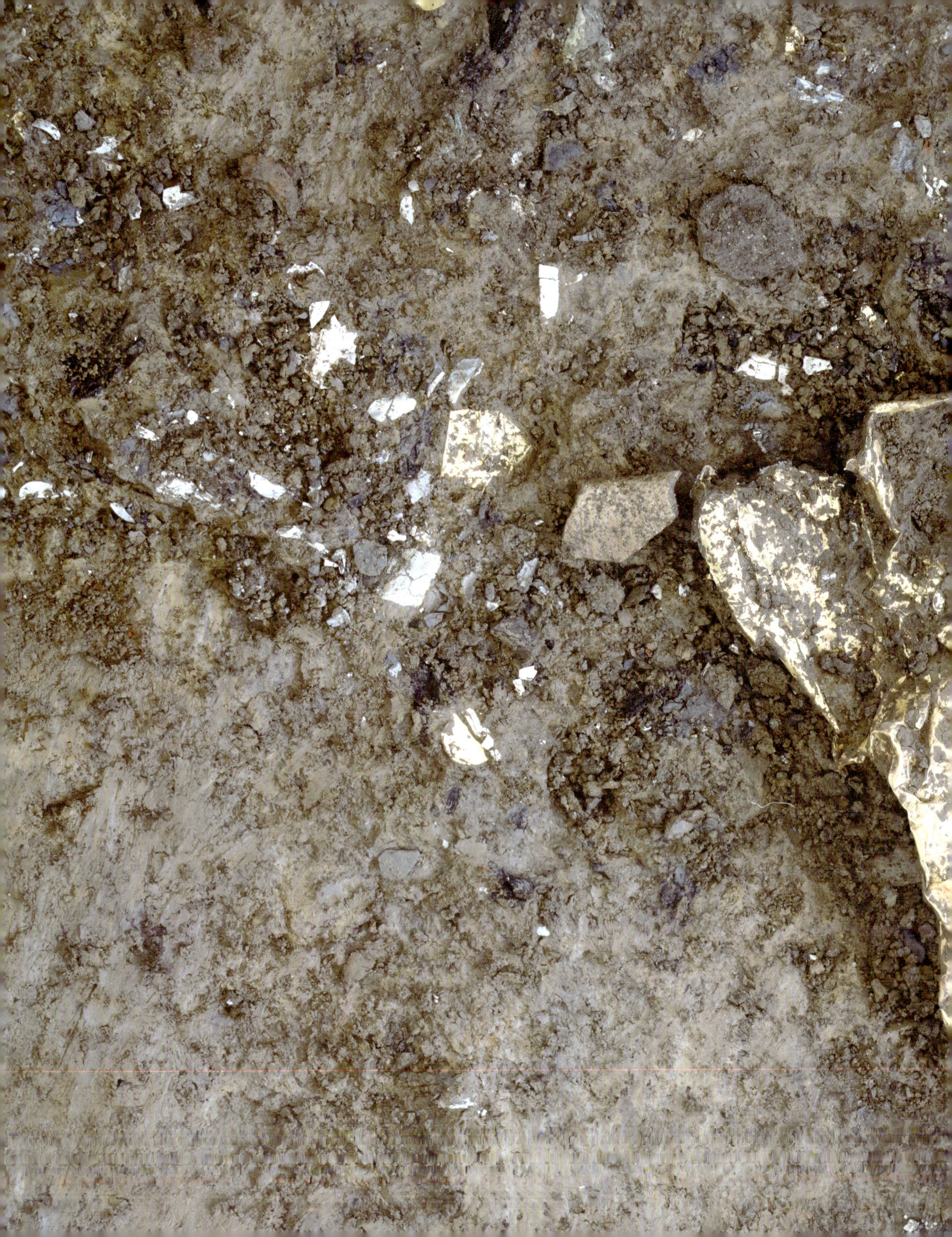

S4—006 五号坑黄金面具出土面貌

三星堆现场

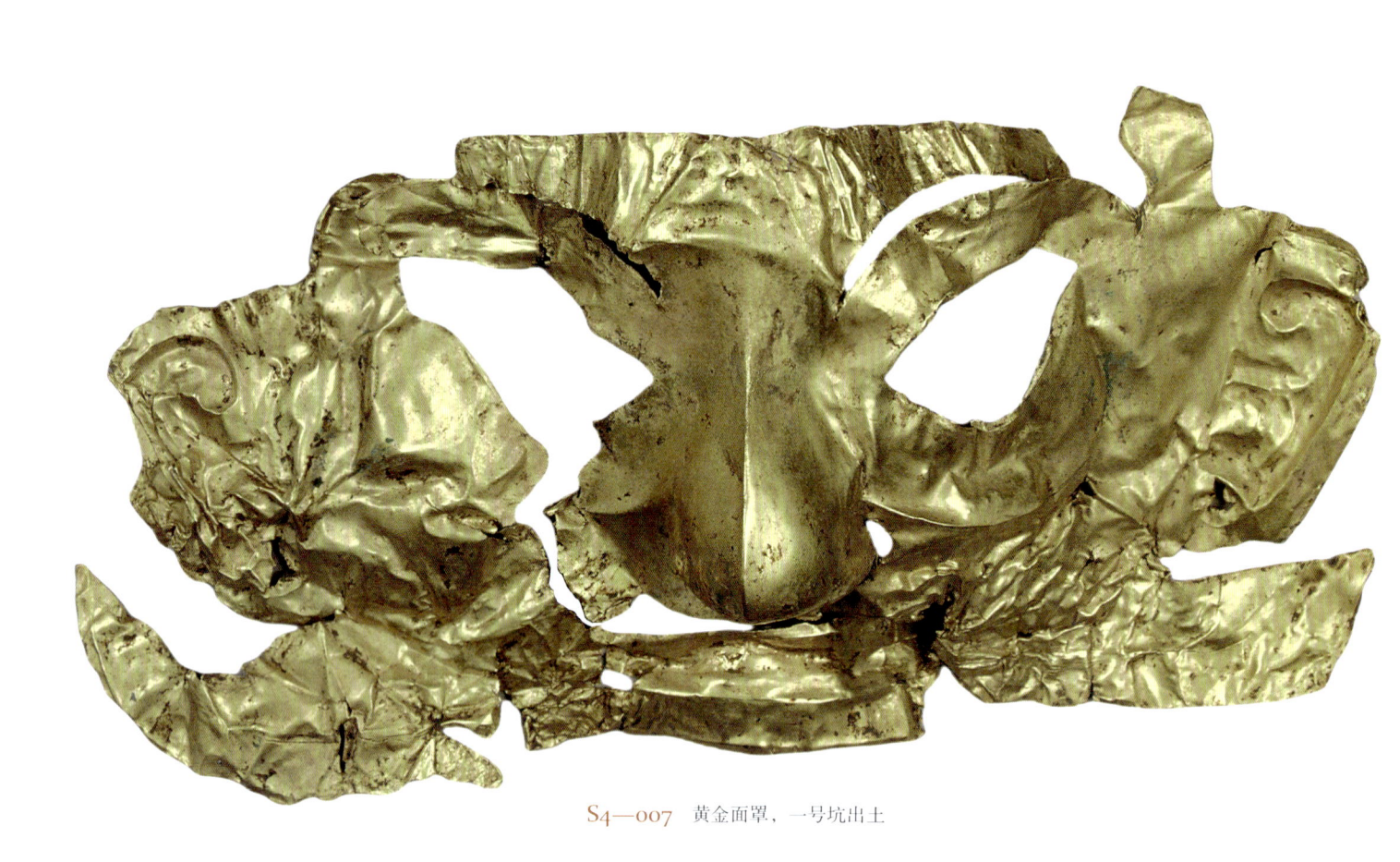

S4—007　黄金面罩，一号坑出土

　　这件黄金面罩的制作工艺，是先将纯金捶锻成金箔，然后做成与青铜人头像相似的轮廓，将双眉双眼镂空；再包贴在青铜人头像上，经捶拓、蹭拭、剔除、黏合等工序，最后与青铜人头像浑然一体。

第四编
吹影镂尘——金器系列

S4—008 金面具（新出土）

五号坑黄金面具出土面貌

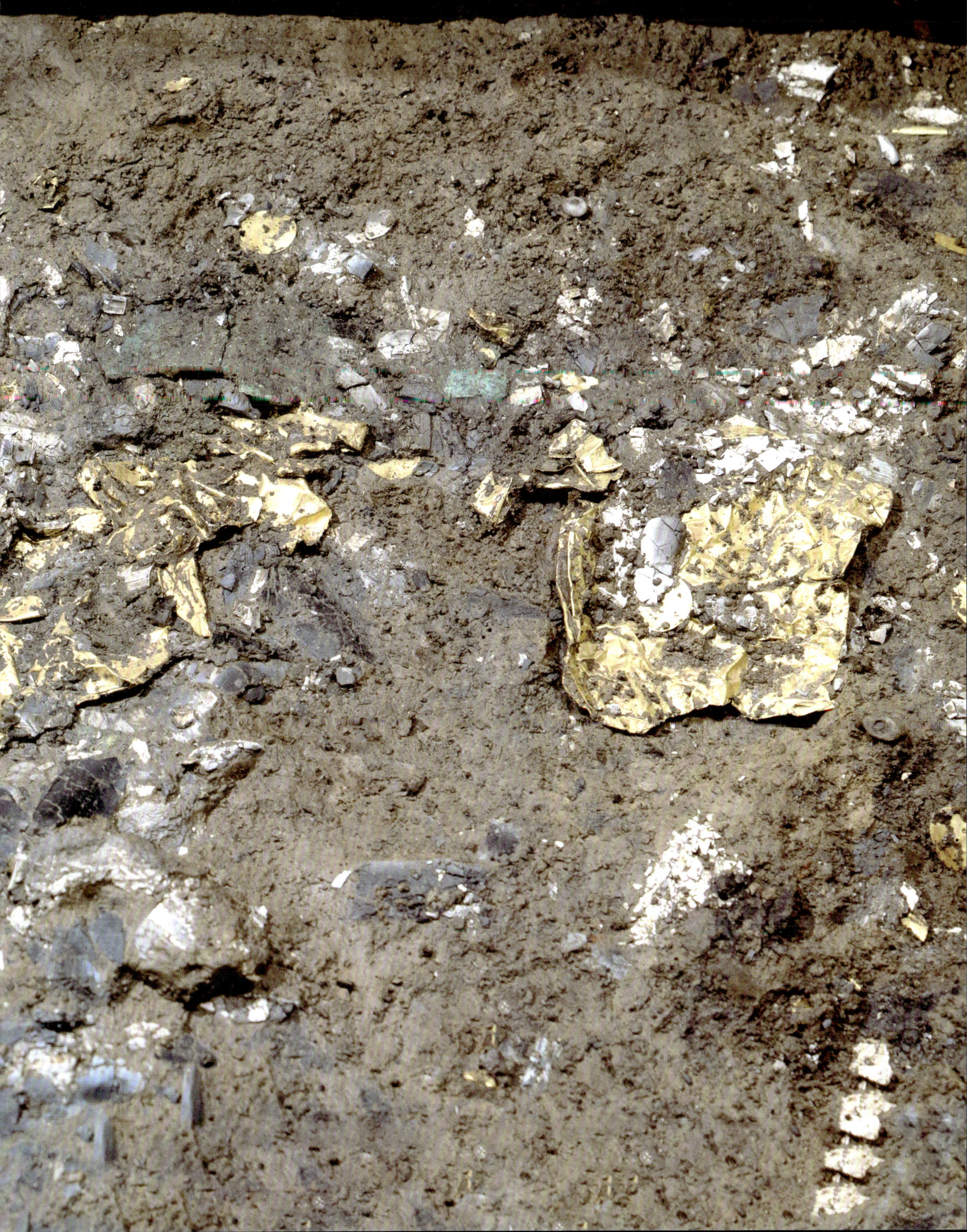

S4—010　金面具（新出土）

S4—011　金面具（新出土）

## 金箔饰物

S4—012 鱼形金箔饰，二号坑出土

三星堆出土的黄金制品，还有金箔或金片制成的金虎、金叶、金鱼、金璋、金带等等。金璋可能与山川祭祀之类的内容有关，鱼头形并刻的有线点纹的金叶则显示出渔猎活动和农业生产方面的寓意。

S4—013 金璋,二号坑出土

# 第四编
## 吹影镂尘——金器系列

S4—015 金璋，二号坑出土

S4—014 金璋，二号坑出土

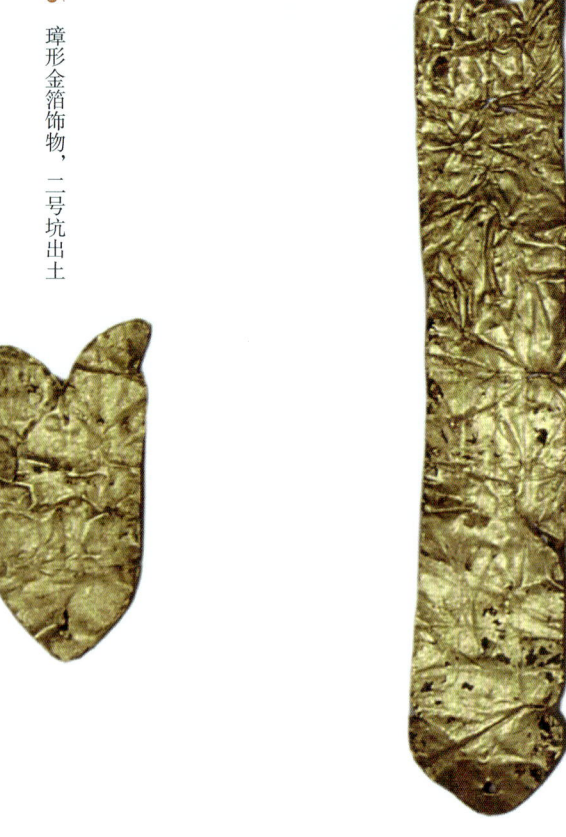

S4—016 璋形金箔饰物，二号坑出土

S4—017 璋形金箔饰，二号坑出土

S4—018 璋形金箔饰,二号坑出土

三星堆现场

S4—019　鱼形金箔饰、金璋，二号坑出土

## 第四编
### 吹影镂尘——金器系列

S4—020 大号鱼形金箔饰,二号坑出土

这些金箔饰像鱼形,又好似金竹叶。

三星堆现场

S4—022 鱼形金箔饰，二号坑出土

S4—021 鱼形金箔饰，二号坑出土

S4—023 金箔四叉形器 二号坑出土

S4—024 圆形金泊饰,二号坑出土

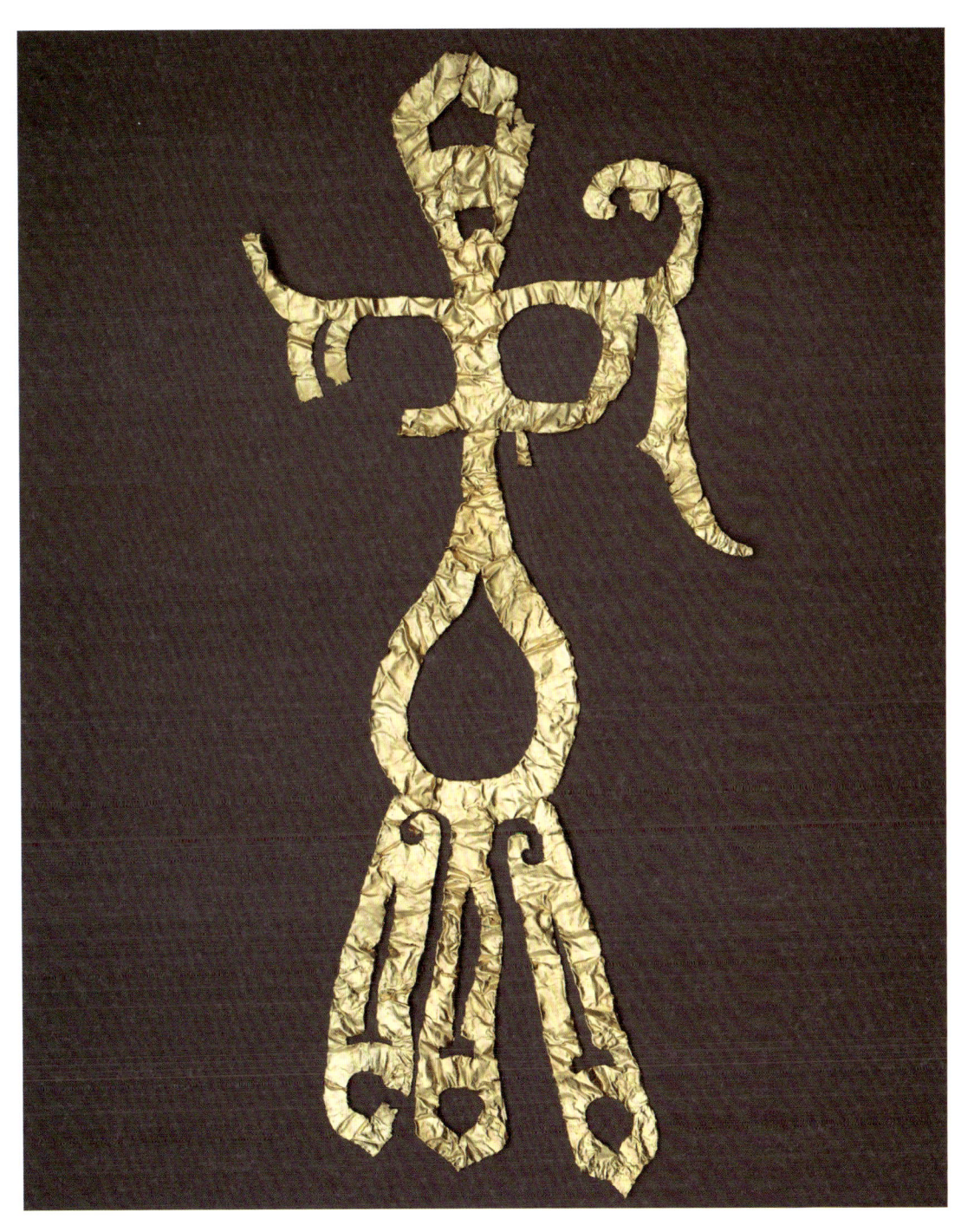

S4-025 金鸟形器，五号坑新出土

此金鸟形器呈凤鸟状，显出无处不在的鸟崇拜。

# 温润而泽

## 玉器系列

### 第五编

三星堆遗址自1927年以来，共出土各类玉器一千六七百件，包括礼器、兵器、工具与佩饰等。

　　其中琮、璋属于礼玉六器，用于祭祀天地神祇祖先，并与之对话、交流。兵器类如戈、剑，工具类如凿、锛，乃仿社会生活中的石质、铜质实物制作，以充当礼器。

　　佩饰的环、瑗本身为礼仪信物，又可用为佩玉。它们从不同方面投射出古蜀国的社会风貌与精神世界。

　　《礼记·聘义》记有孔子的一段话："昔者君子比德于玉焉，温润而泽，仁也。"三星堆大量存在的玉器，除用作祭祀礼器外，亦是古蜀人自我修养的需要，反映出古蜀人崇仁向善、尚美向好的精神追求。

# 祭祀礼器

第五编 温润而泽——玉器系列

S5—001 神树纹玉琮，三号坑出土

S5—002　玉琮，月亮湾遗址出土

S5—003　兽面凤鸟纹方座，三号坑出土

三星堆现场

S5—004 玉璋，二号坑出土

S5—005 玉璋，二号坑出土

S5—006 祭山图玉璋（局部），二号坑出土

## 第五编
### 温润而泽——玉器系列

S5—007 祭山图玉璋（二号坑出土）与图案

二号坑出土的这件长54.2厘米、宽8.8厘米呈刀形的玉璋，刻画了两组非常奇妙的图案。有不同姿势和穿戴的人物，有隆起的大山，还有竖立的牙璋与横置的象牙等。图案具有极为丰富的内涵，形象地展现了古蜀国的祭祀活动，应是祭祀神山、沟通天地的场景。

S5—008 大玉璋,二号坑出土

牙璋约于距今 4500 年前首次出现于山东龙山文化时期的大范庄遗址，后流行于中原地区，是二里头文化中具有代表性的礼仪性器物。

其典型特征如郑玄注《周礼》所言："二璋皆有锄牙之饰于琰侧。"即在柄部两阑之间有一至若干对齿牙，故名牙璋。三星堆与金沙两个遗址出土牙璋三百余件，超过全国其他地区出土量的总和。这件牙璋的前端微雕有一小鸟，这是古蜀牙璋的一个创意。这件牙璋形似戈，叫戈形璋。金沙遗址也出土有若干将戈与璋结合起来的新器形。这说明古蜀人既善于吸收其他地区的先进文化，更善于在此基础上创新。

S5—009 牙璋，一号坑出土

## 206

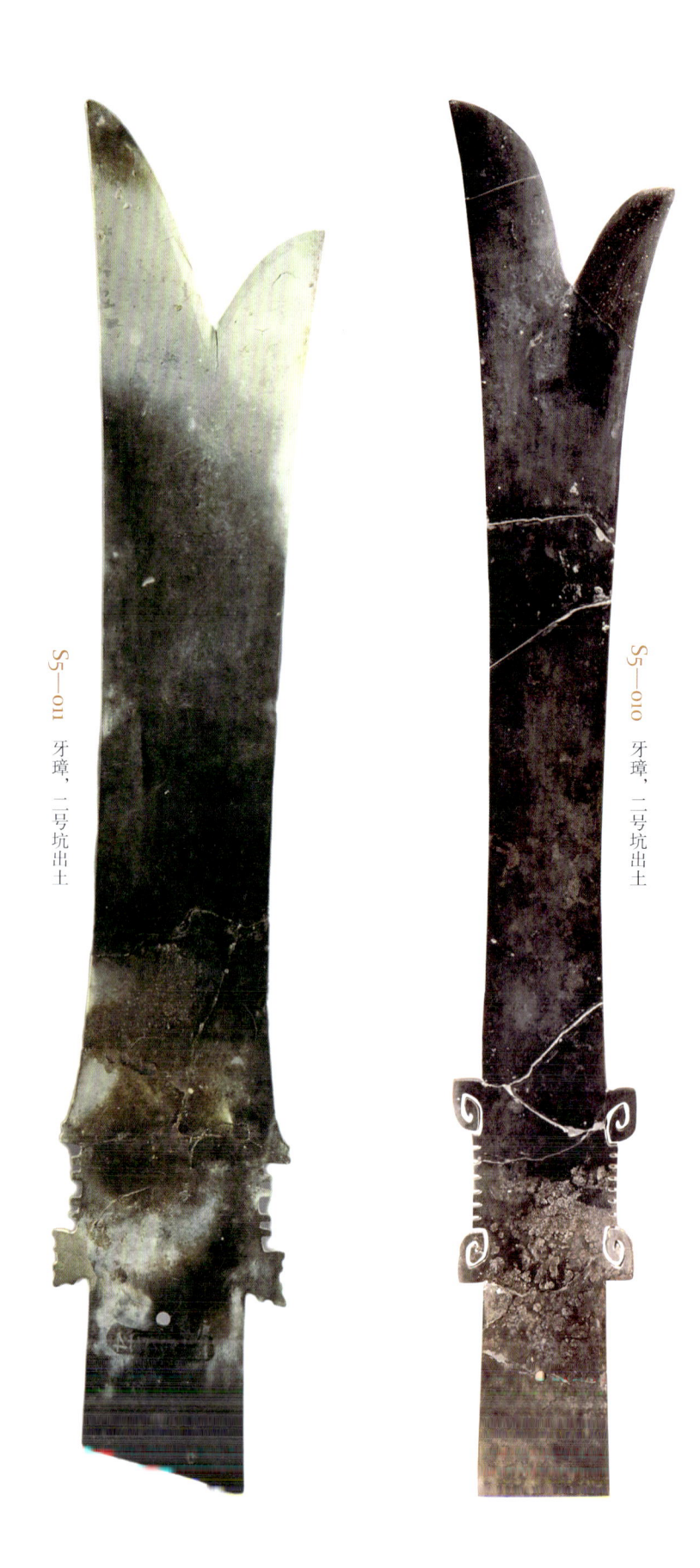

三星堆现场

S5—011 牙璋，二号坑出土

S5—010 牙璋，二号坑出土

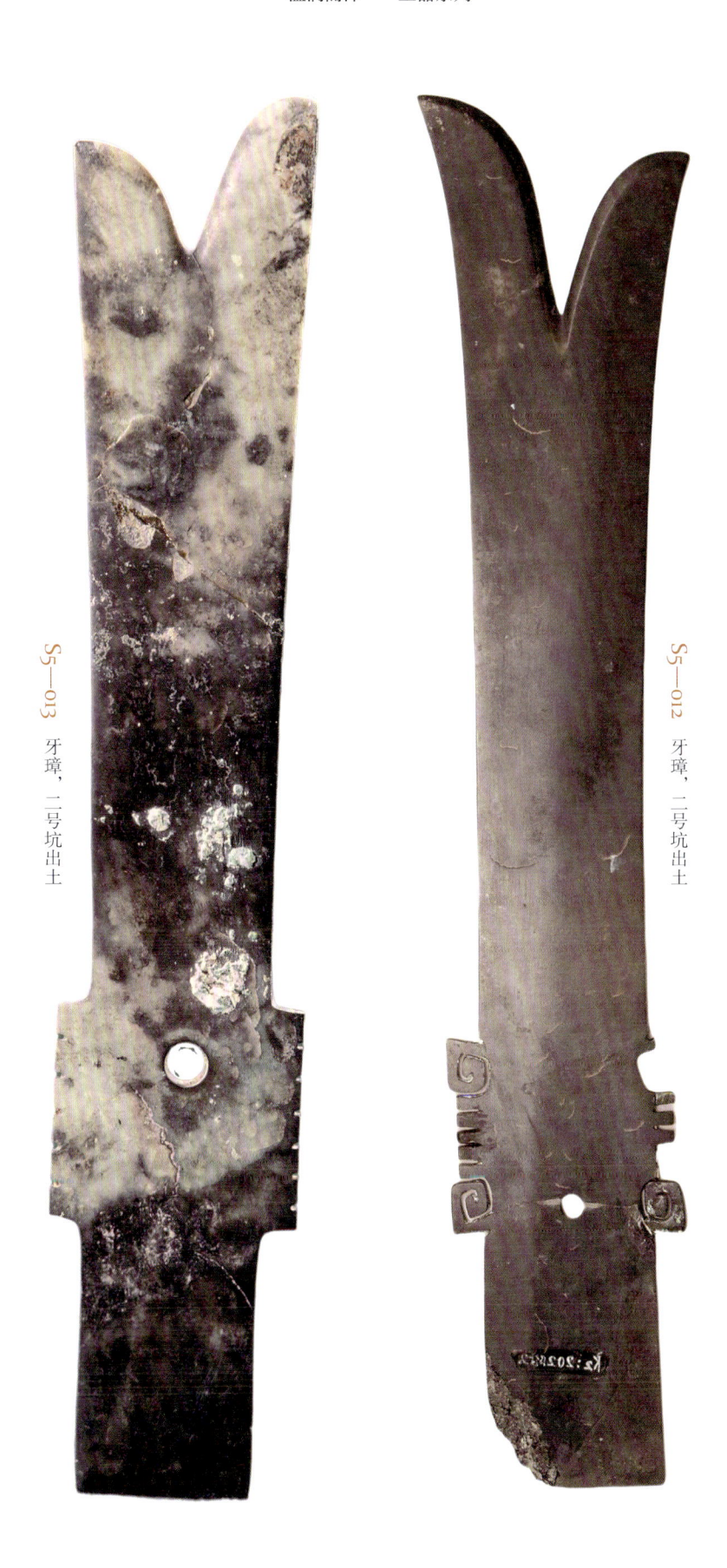

第五编
温润而泽——玉器系列

S5—013 牙璋，二号坑出土

S5—012 牙璋，二号坑出土

S5—014 牙璋,二号坑出土

## 第五编
温润而泽——玉器系列

S5—016 牙璋，二号坑出土

S5—015 牙璋，二号坑出土

三星堆现场

S5—018 牙璋，一号坑出土

S5—017 牙璋，一号坑出土

S5—019 牙璋,一号坑出土

S5—020 牙璋，三星堆遗址仓包包祭祀坑出土

第五编
温润而泽——玉器系列

S5—022 牙璋，一号坑出土

S5—021 牙璋，一号坑出土

右图为典型的戈形璋。

三星堆现场

S5-033 小型牙璋 三号坑等坑出土

第五编
温润而泽——玉器系列

# 兵器与工具

S5—024 玉戈，一号坑出土

三星堆现场

S5—026 玉戈 一号坑出土

S5—025 玉戈 一号坑出土

第五编
温润而泽——玉器系列

S5—028 玉戈，二号坑出土

S5—027 玉戈，二号坑出土

三星堆现场

S5—031 玉戈，二号坑出土

S5—030 玉戈，二号坑出土

S5—029 玉戈，二号坑出土

第五编
温润而泽——玉器系列

S5—033 玉戈,二号坑出土

S5—032 玉戈,二号坑出土

S5—034 玉戈 二号坑出土

S5—035 玉矛,二号坑出土

S5—036 玉剑，一号坑出土

# 第五编
## 温润而泽——玉器系列

S5—038 玉刀，二号坑出土

S5—037 玉凿，一号坑出土

S5—039 戚形璧,一号坑出土

一号坑出土三件戚形璧,大小形态不尽相同。因外形同兵器戚相似,故名。目前仅见于三星堆。或认为外形相似于凸领青铜刀,又可定为工具。

## 225

第五编
温润而泽——玉器系列

S5—040 玉锛,一号坑出土

## 226

三星堆现场

S5—042 玉锛，一号坑出土

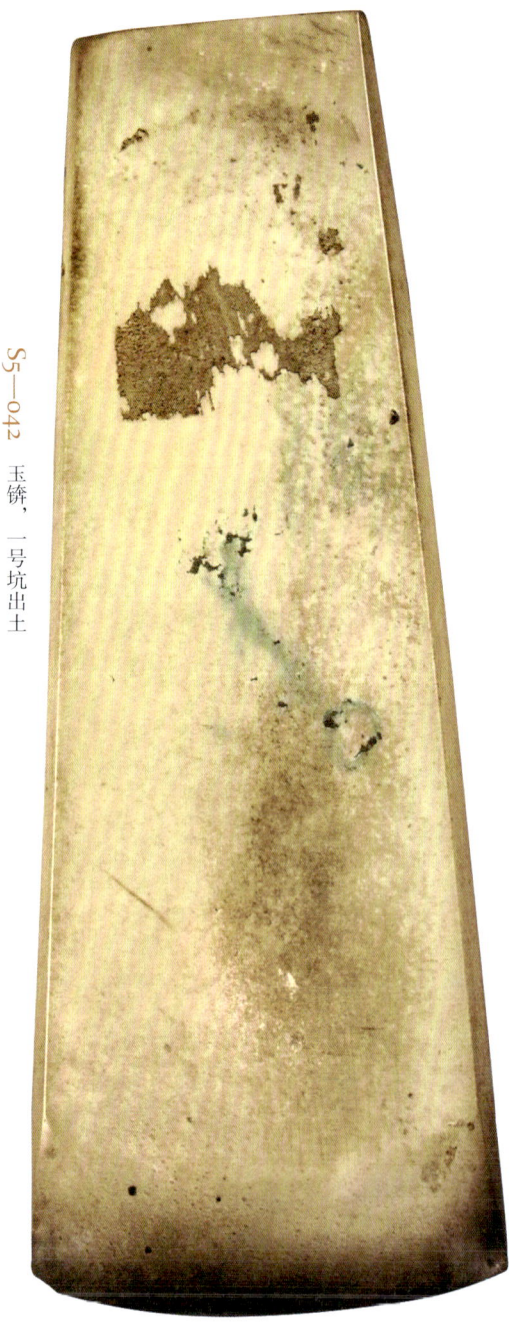

S5—041 玉锛，一号坑出土

## 第五编
### 温润而泽——玉器系列

S5—044 玉斤，一号坑出土

S5—043 玉斤，一号坑出土

## 228

三星堆现场

S5—046 玉斤,一号坑出土

S5—045 玉斤,一号坑出土

## 第五编
### 温润而泽——玉器系列

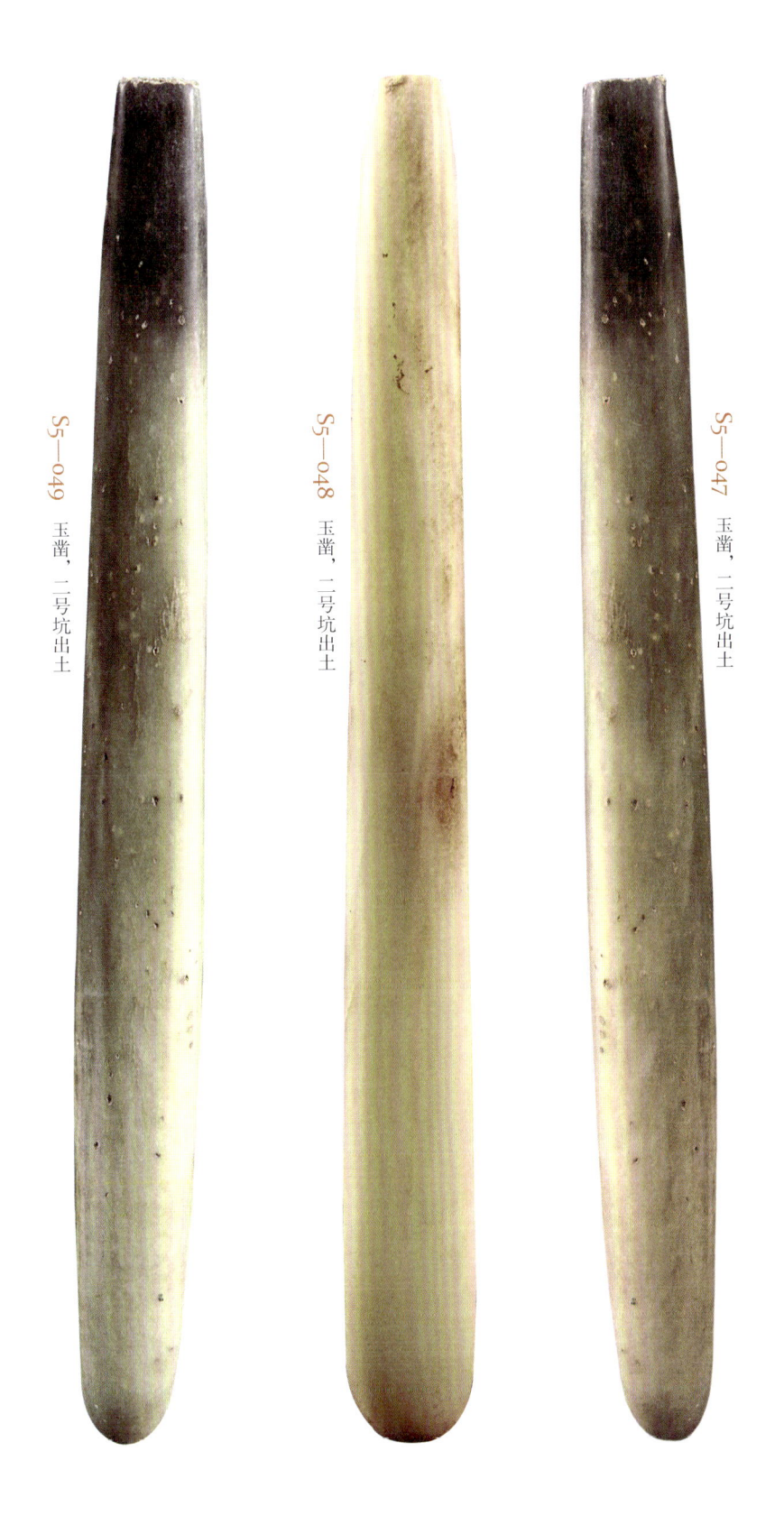

S5—049 玉凿,二号坑出土

S5—048 玉凿,二号坑出土

S5—047 玉凿,二号坑出土

## 230

三星堆现场

S5—052 玉凿，二号坑出土

S5—051 玉凿，二号坑出土

S5—050 玉凿，二号坑出土

# 佩饰及信物

S5—053　玉环，二号坑出土

《尔雅·释器》："肉倍好谓之璧，好倍肉谓之瑗，肉好若一谓之环。""肉"指玉器的实体部分（即边缘的宽度）。"好（hào）"指玉器中间的圆孔。"璧""瑗""环"均为古代圆形玉器，区别在于边与孔的比例。这句话的意思是边（玉的实体部分）比孔大一倍的叫"璧"，孔比边大一倍的叫"瑗"，边和孔大小相等的叫"环"。这句话是古代玉器分类的重要标准，反映了中国早期玉文化的精密定义。

瑗因孔径比环大，常用作高者召见地位低者的信物；作为佩饰，瑗也象征身份尊贵。环亦常作为装饰或日常佩戴的玉器。

S5—054 玉环，二号坑出土

S5—055 玉环，二号坑出土

S5—056 玉环，二号坑出土

## 第五编
温润而泽——玉器系列

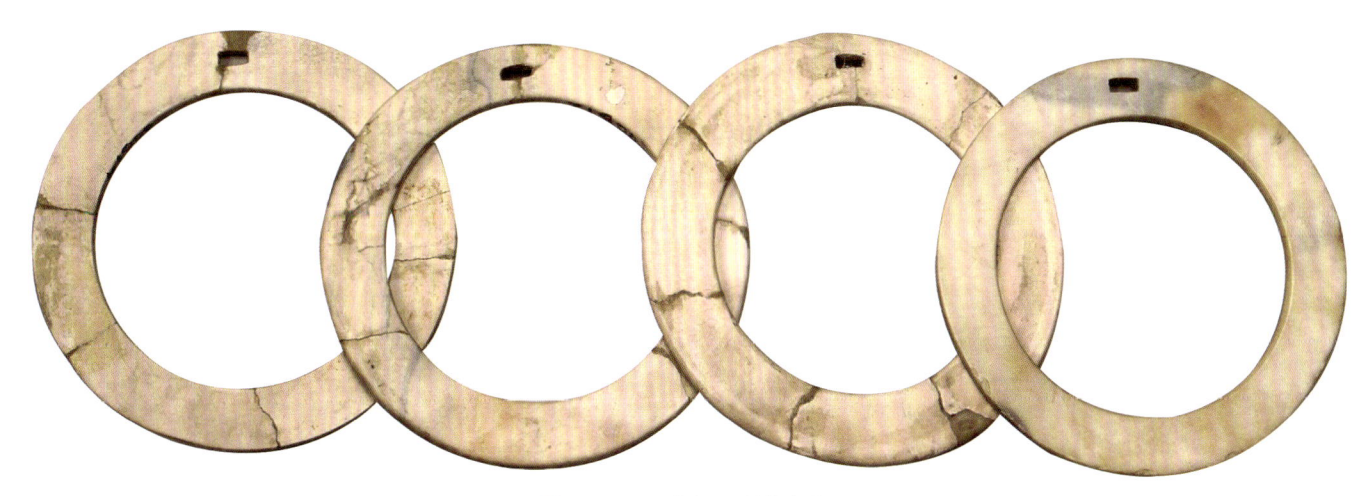

S5—057　玉瑗，二号坑出土

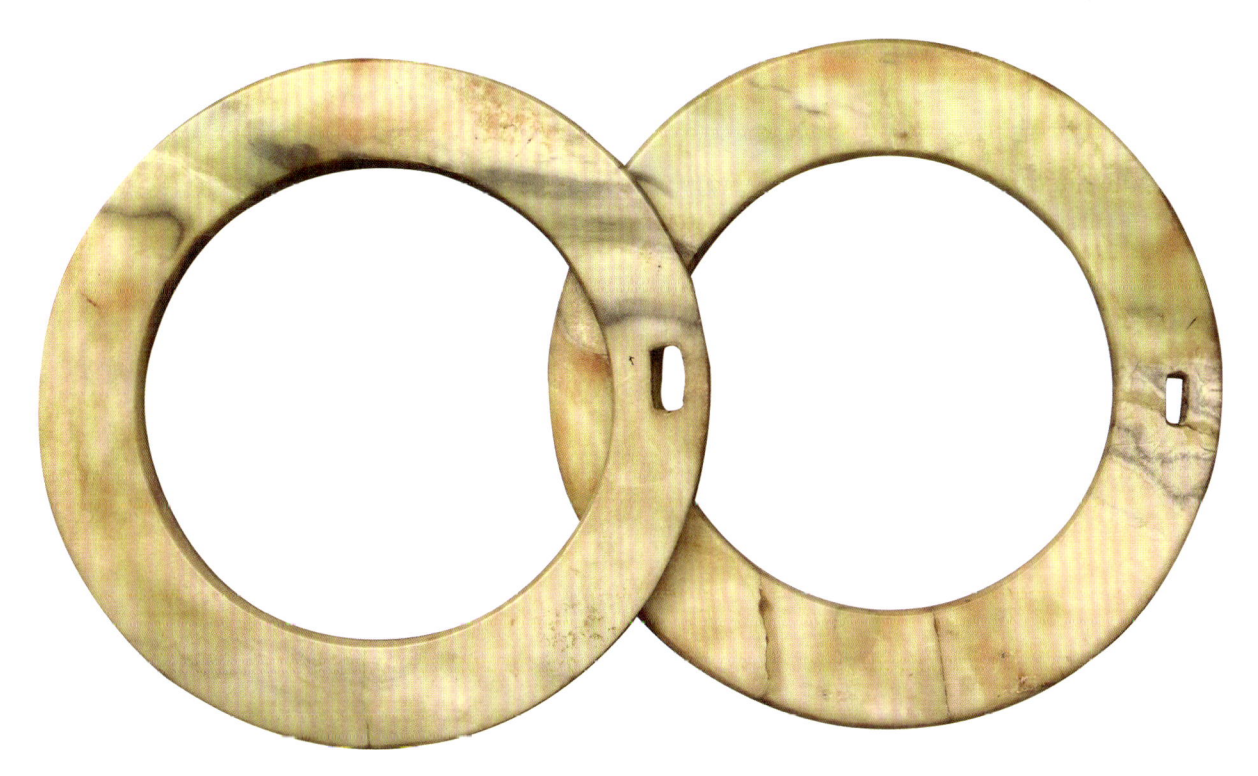

S5—058　玉瑗，二号坑出土

S5—059 玉瑗,二号坑出土

S5—060 玉瑗,二号坑出土

S5—061 玉瑗,二号坑出土

## 第五编
### 温润而泽——玉器系列

S5—062 玉瑗，二号坑出土

三星堆现场

S5—064 鱼形佩,一号坑出土

# 含山吞海

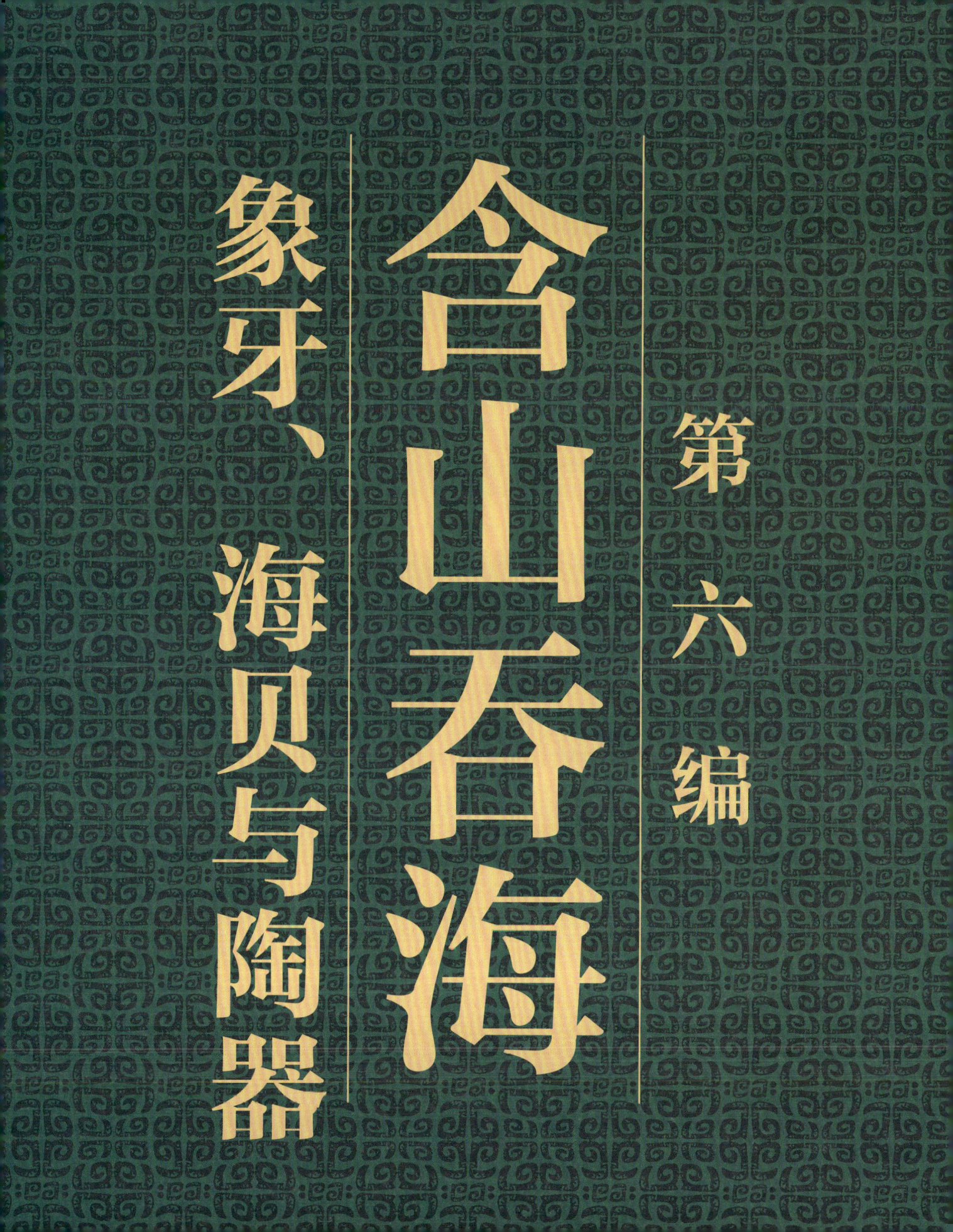

## 象牙、海贝与陶器

### 第六编

三星堆古蜀人在距今三四千年的岁月里，以劬劳勤勉、埋头苦干的精神，默默地耕耘着西南一方的土地。

大批量的陶器作品，各具形态，各放异彩，反映出社会经济生活的丰富面貌。

琳琅满目的象牙、海贝及青铜贝，载负了与周邻四方乃至海外的贸易往来与信息交流的历史。

他山之石，可以攻玉；含山吞海，乃能卓尔不群。三星堆蜀人将周边文化和海外文化的长处予以创新性转化，运用自己的聪明才智，不断推出具有本地特色的诸多产品，创造出多姿多彩的物质文明。

# 象牙与海贝

S6—001 二号坑象牙出土面貌

三星堆一号坑出土象牙13根，二号坑出土67根，三至八号坑则有400余根，总共500根左右。这些象牙大多长1.2米左右，部分超过1.8米。一般认为是用以祭祀的供物，展示出古蜀社会宗教活动的盛况。关于其来源，或认为来自云南甚至南亚，或认为就是蜀地供给。三四千年前本地年均温度比现在约高2℃，温暖湿润，适合大象生存。

《华阳国志·蜀志》亦讲蜀地"其宝有犀、象等之饶"。

三星堆现场

S6—003　象牙，二号坑出土

S6—002　象牙，二号坑出土

## 第六编
### 含山吞海——象牙、海贝与陶器

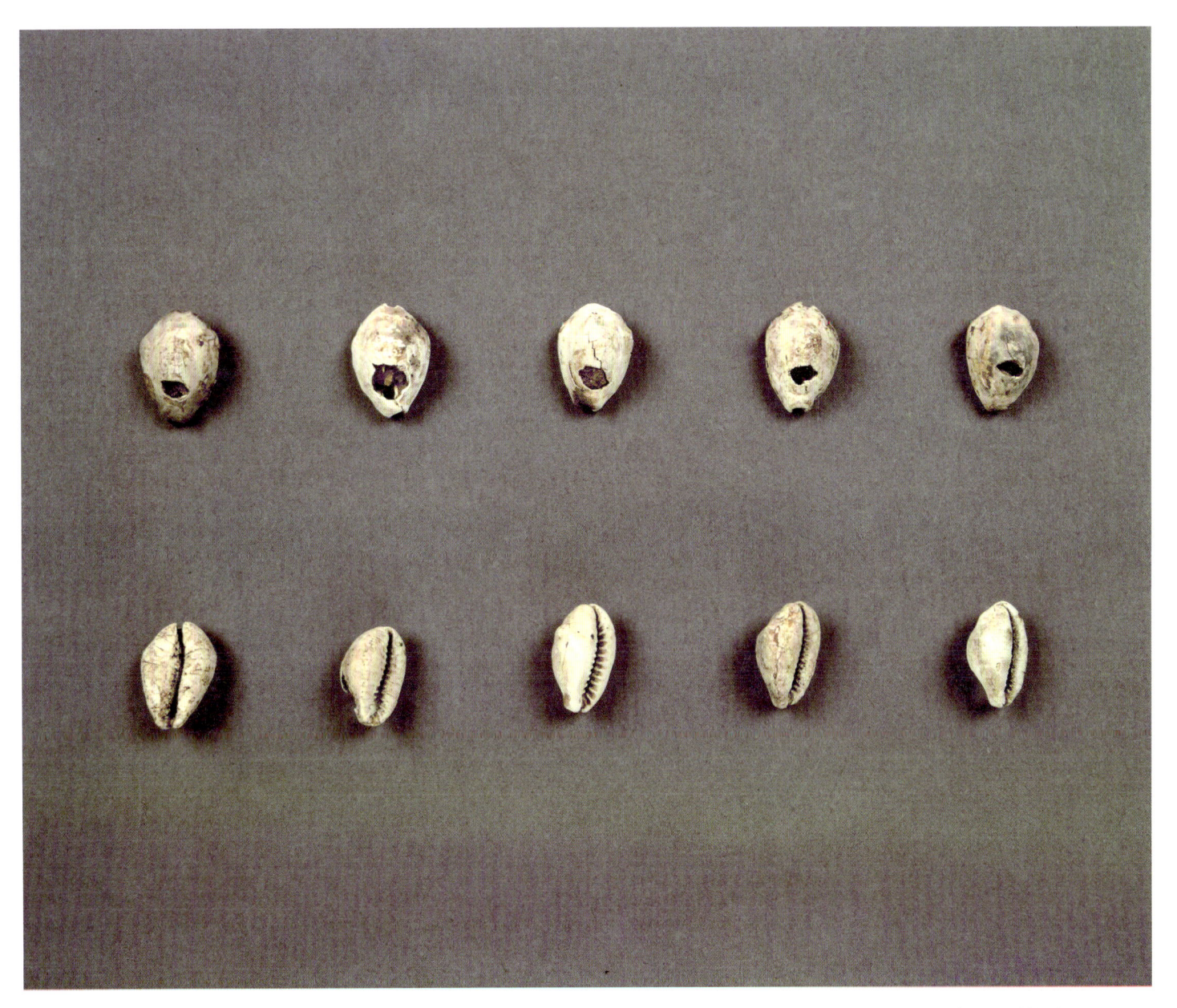

S6—004　海贝，二号坑出土

三星堆一、二号坑共出土海贝 4662 枚，其他六个坑亦有不少海贝。它们主要有齿贝、环纹贝、虎斑贝、拟枣贝四种形态，以环纹贝量最大。同期中原商墓出土海贝则达万枚之多。中原多以齿贝作为流通货币。与之通商的三星堆蜀国亦当如此。

三星堆海贝大致是从西太平洋及印度洋沿海地区引入的，携带者是南来北往的客商。

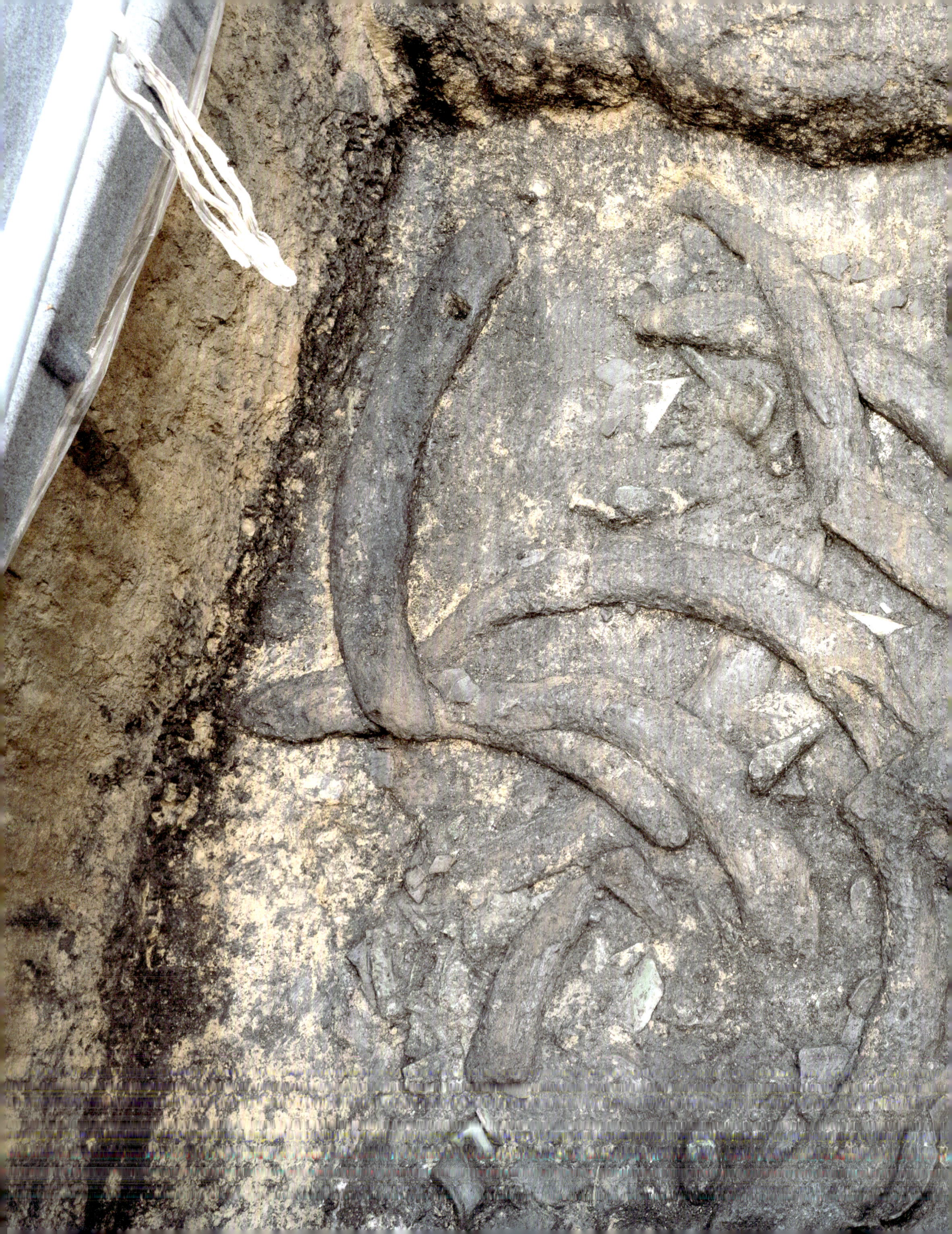

四号坑内遍布被焚烧后的象牙

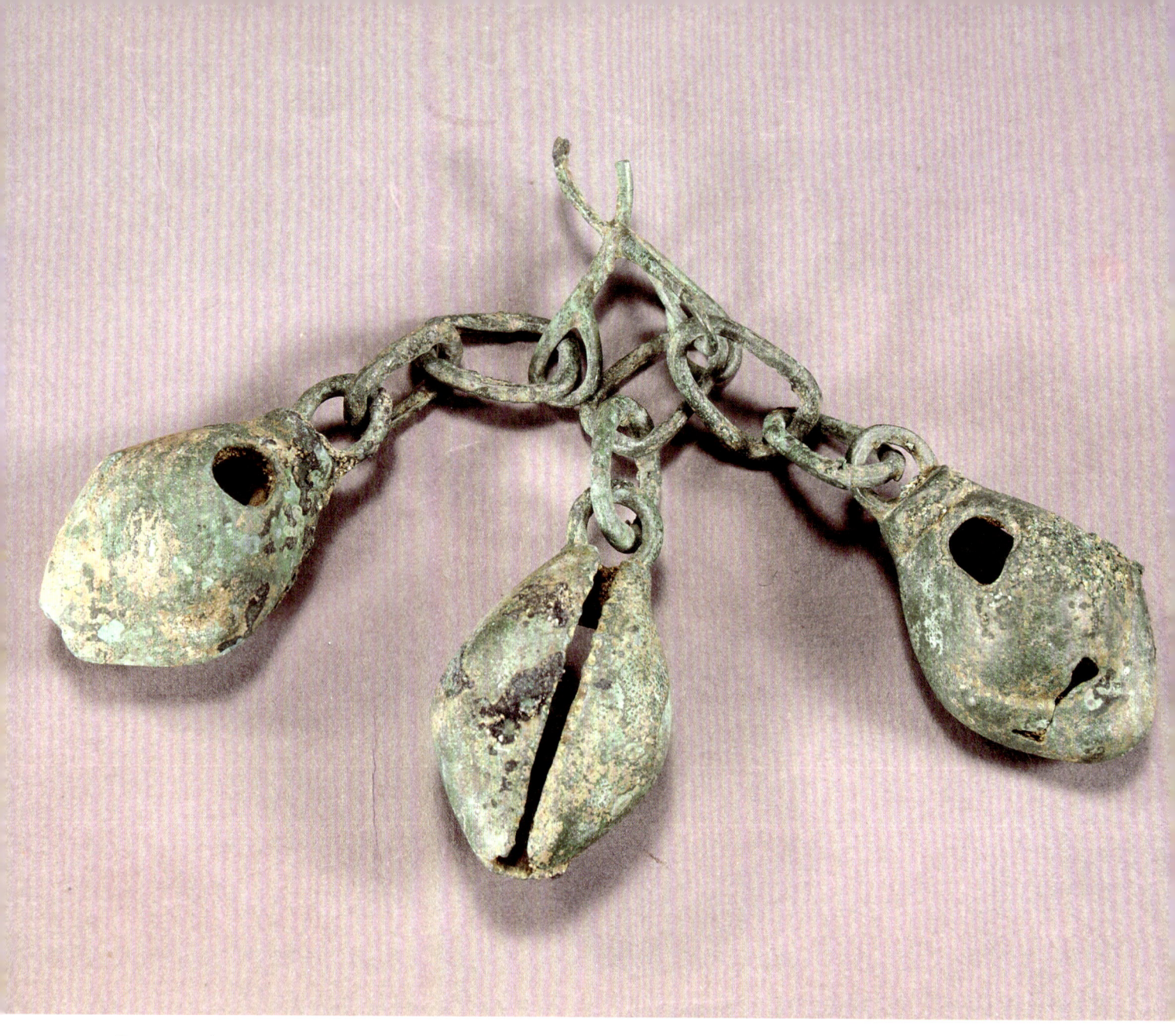

S6—006 青铜贝，二号坑出土

二号坑共出土青铜贝4件。这3件以青铜环链接成套。链环长8厘米，贝宽3.4厘米，长6.3厘米。同期在河南安阳和山西保德等地也出现青铜贝，但个头较小，一般长1.5～2.5厘米。三星堆青铜贝与青铜面具、玉石璧璋等一样，都显出粗犷、豪放的风格，具有古蜀地自家的特色。青铜贝以青铜链相扣，显出主人对其的珍爱；可能用于饰物、供物，以炫耀财富。但这并不妨碍它曾可能拥有过的货币职能。它与中原青铜贝一道，当为世界金属铸币之祖。

先前被视为"西方金属铸币之祖"的小亚细亚的吕底亚（在今土耳其）金币，大约是在公元前640年发行的，在时间上要比三星堆及中原青铜贝晚三四百年。

# 陶器系列

第六编
含山吞海——象牙、海贝与陶器

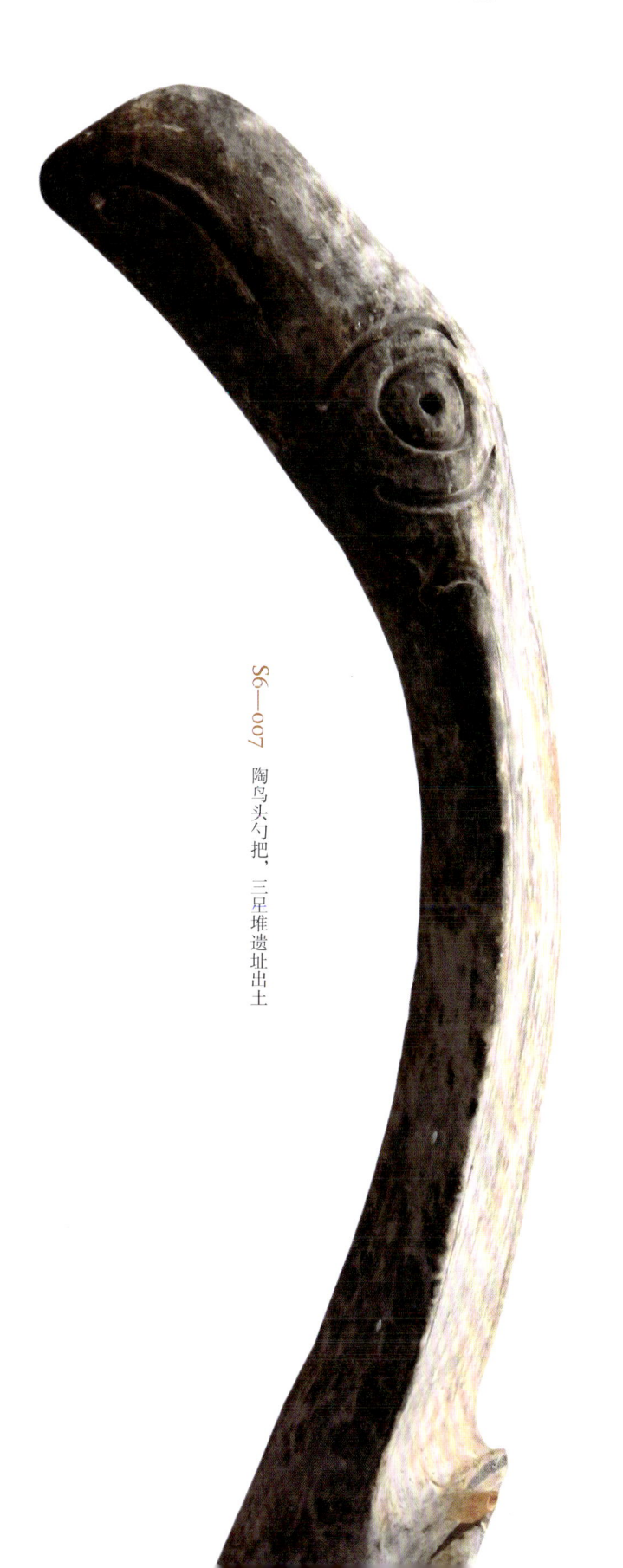

S6—007 陶鸟头勺把，三星堆遗址出土

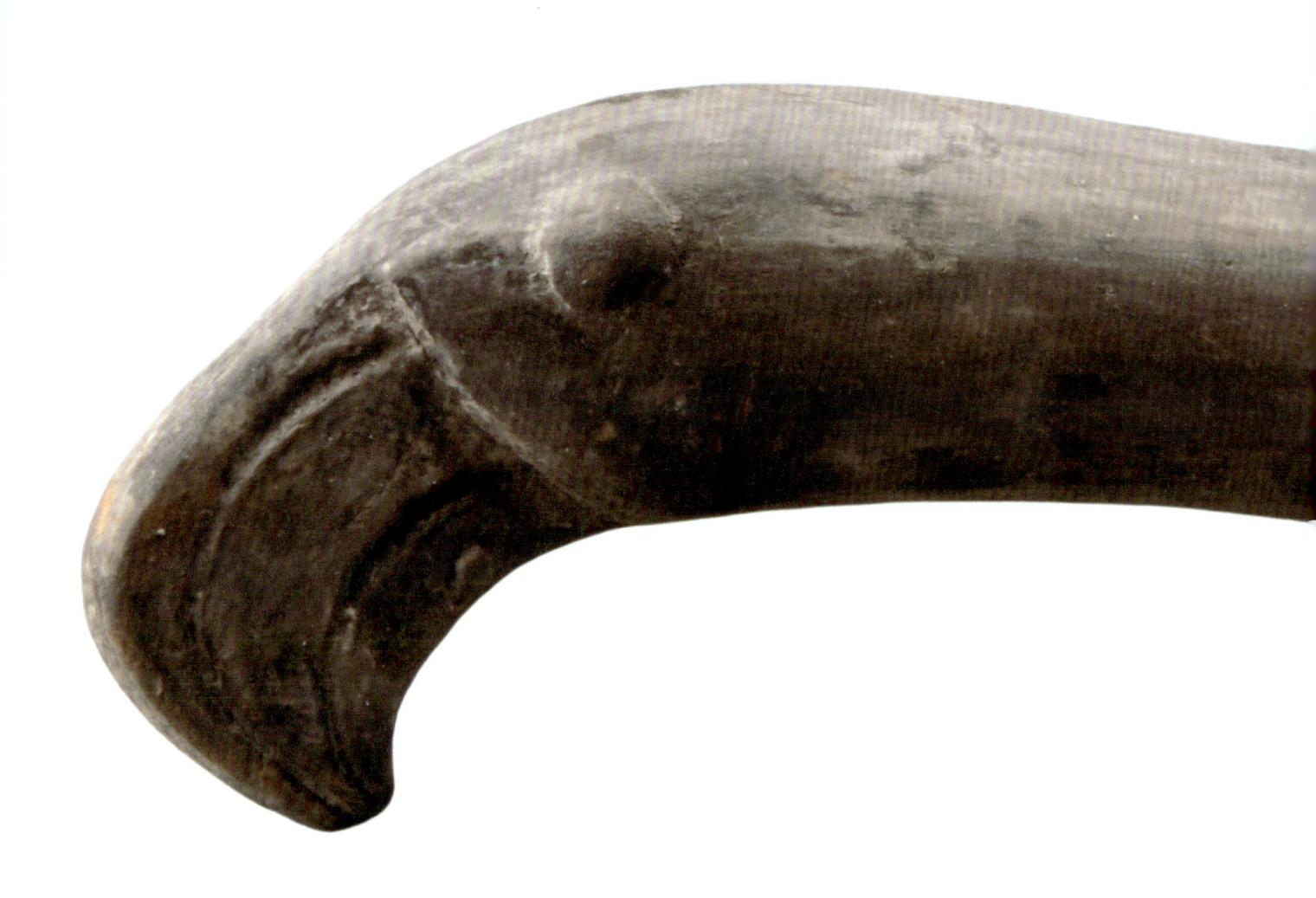

S6—009　陶鸟头勺把，三星堆遗址出土

S6—008 陶鸟头勺把，三星堆遗址出土

S6—010　陶鸟头勺把，三星堆遗址出土

S6—011　陶鸟头勺把，三星堆遗址出土

S6—012　陶鸟头勺把，三星堆遗址出土

S6—013　陶鸟头勺把，三星堆遗址出土

S6—014　陶鸟头勺把，三星堆遗址出土

S6—015　陶鸟头勺把，三星堆遗址出土

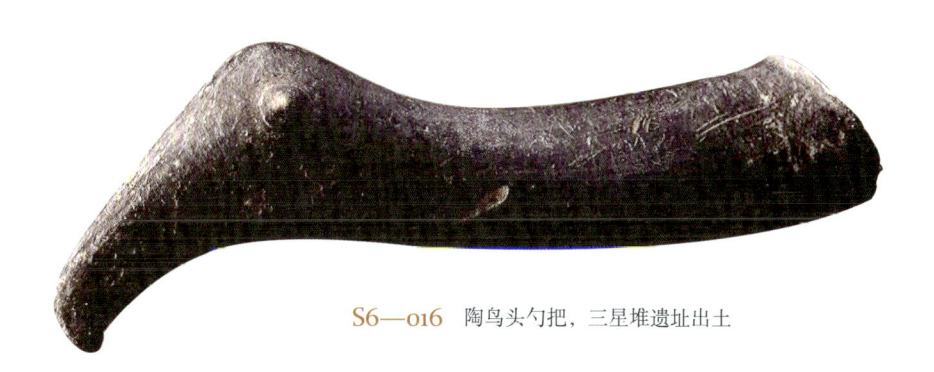

S6—016　陶鸟头勺把，三星堆遗址出土

S6—017　陶鸟头勺把，三星堆遗址出土

　　三星堆遗址于近四十年间出土了数百件陶鸟头勺把，从修复后的整件看，其应是古蜀人用于舀水的陶勺把。

　　鸟头有的有冠，有的无冠；多为弯喙，有的平嘴，但头部、眼睛及颈部纹饰的造型则比较一致。这是古蜀人普遍存在的鸟崇拜与眼睛崇拜的表现。

S6—018 陶盉，三星堆遗址出土

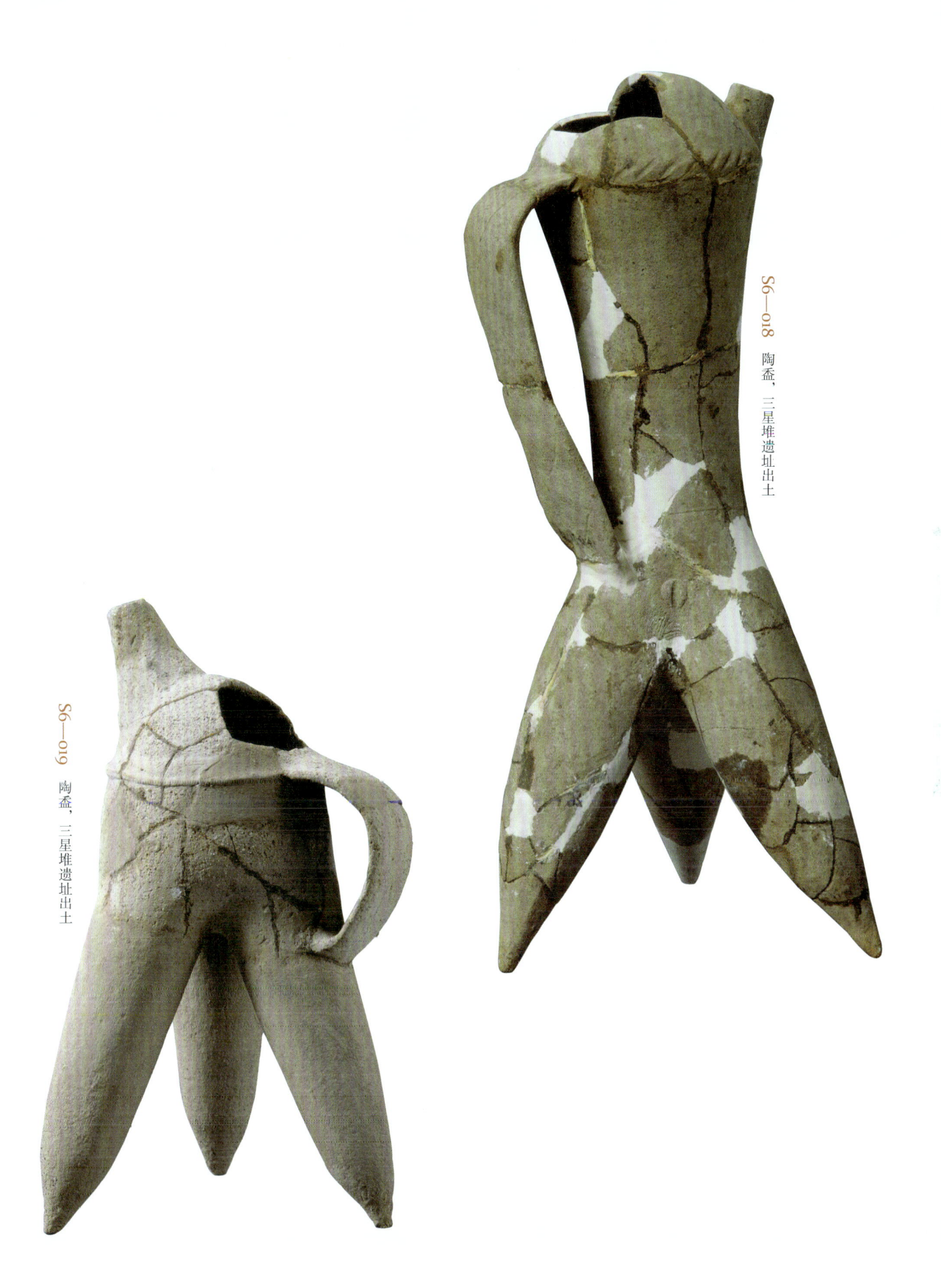

S6—019 陶盉，三星堆遗址出土

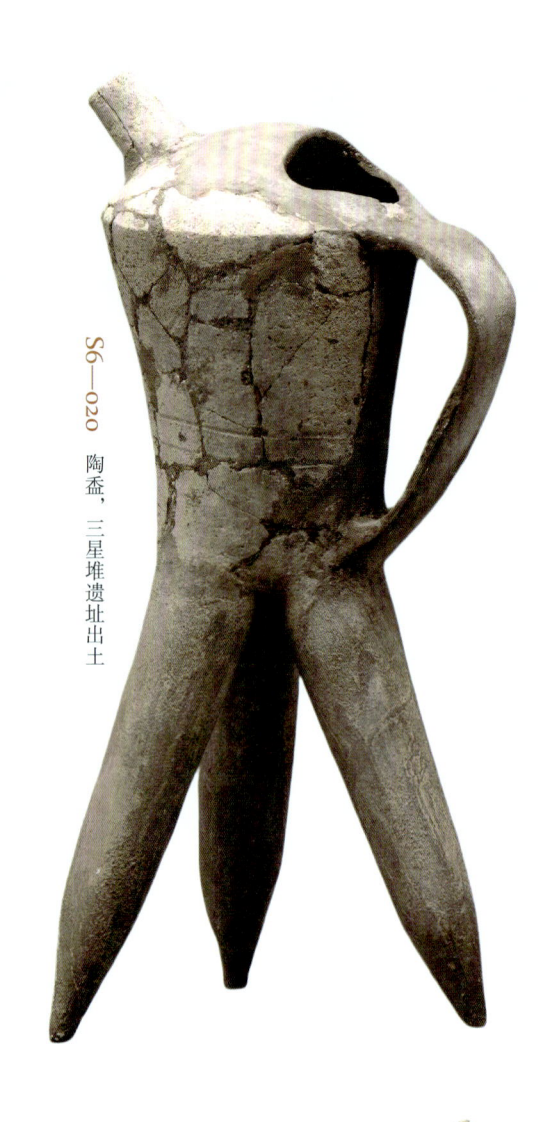

S6—020　陶盉，三星堆遗址出土

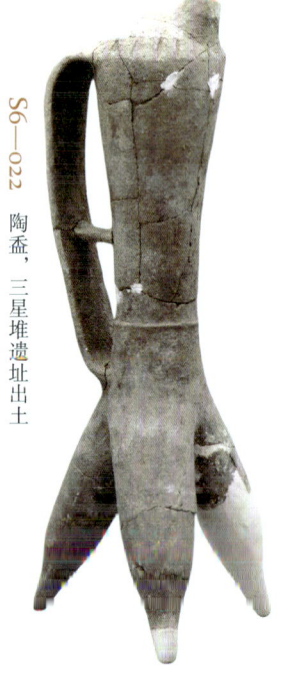

S6—022　陶盉，三星堆遗址出土

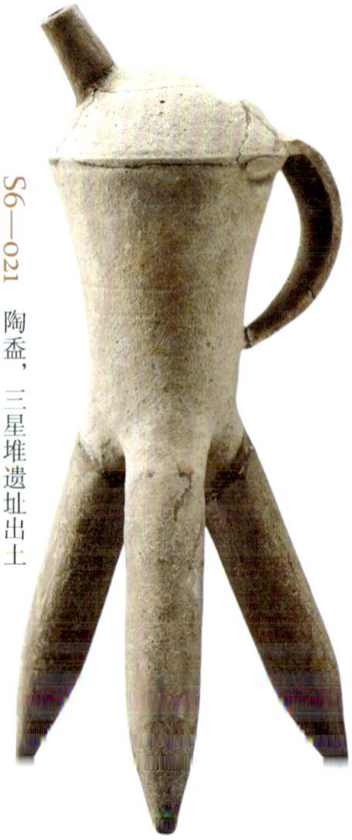

S6—021　陶盉，三星堆遗址出土

S6—023 陶盉,三星堆遗址出土

**陶盉是三星堆出土文物中规模较大的一种陶器,可能用于温酒,属酒器一类。**

三星堆遗址出土的酒器(以陶质为主)数量巨大,说明其时其地农业生产比较繁荣,有多余的粮食来酿酒。三星堆陶盉造型特点基本同于河南偃师二里头文化二期(前1680—前1610年)的陶盉,应该是二里头文化影响所致。

S6—024 陶袋足盉，三星堆遗址出土

S6—025 陶袋足盉，三星堆遗址出土

陶袋足盉底部三袋足，自当尧拜京疆。

## 第六编
### 含山吞海——象牙、海贝与陶器

S6—026 陶三足炊器，三星堆第三发掘区出土

陶三足炊器（属商代）于1986年出土，三足呈袋状，中空，与口沿相通，盛水用；三足下烧水，使水沸。其高44厘米，口径19.7厘米；三足部分与北方红山文化、齐家文化的三足袋鬲相似。上半部分类似今天川人的泡菜坛子，不过坛沿盘极宽大，盘径38.5厘米，远超一般泡菜坛子的盘径。此炊器当用以盛放菜肴。

这件三足炊器在全国同时期及之前的陶器群中属于另类。它是古蜀人在烹饪器具、烹饪方式上的一大创新。有人推测它或许是中国最早的火锅（涮锅）。

S6—028 高柄陶豆，三星堆遗址出土

S6—027 高柄陶豆，三星堆遗址出土

右图陶豆圈足上刻有一眼睛，反映出三星堆蜀人的眼睛崇拜。

## 第六编
含山吞海——象牙、海贝与陶器

S6—029　高柄陶豆，三星堆遗址出土

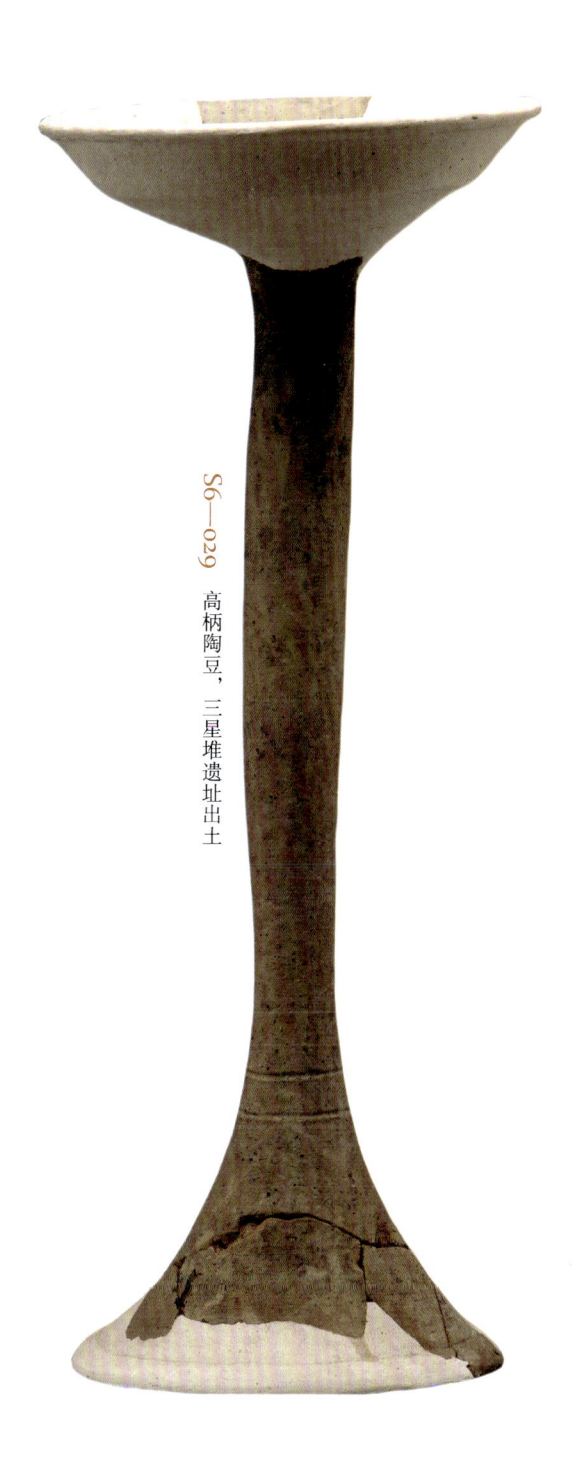

　　高柄陶豆用于祭祀时，颀长的豆身托以食物，表示对神灵敬仰的虔诚，同时也祈求神灵保佑来年丰收。三星堆陶豆多以高细长颈面世，为古蜀特有的创意。其设计除适合祀神外，亦便于席地而坐，随手就取食物。

030 侈口罐，三星堆遗址出土

S6—031 深腹罐,三星堆遗址出土

三星堆现场

S6—032　小平底陶罐，三星堆遗址出土

S6—033　小平底陶罐，三星堆遗址出土

小平底陶罐用作炊器和容器，从三星堆一期文化开始出现，是三星堆文化中常见的典型器物之一。它延续于三星堆二到四期文化，且随器底变小，最后发展到近似尖底。

第六编
含山吞海——象牙、海贝与陶器

S6—034　陶钵，三星堆遗址出土

S6—035　陶钵，三星堆遗址出土

三星堆现场

S6—036 敛口圈足瓮 三星堆遗址出土

第六编
含山吞海——象牙、海贝与陶器

S6—037 三足陶罐,三星堆遗址出土

三星堆现场

S6—038　子母口壶，三星堆遗址出土

子母口壶可能是用于埋在土里发酵的酿酒器。

S6—039　尊形壶，三星堆遗址出土

S6—040 陶瓶，三星堆遗址出土

S6—041 陶瓶，三星堆遗址出土

S6—042 陶觚,三星堆遗址出土

S6—043 陶觚,三星堆遗址出土

三星堆现场

S6—044 高圈足杯，三星堆遗址出土

S6—045 高圈足双耳杯，三星堆遗址出土

第六编
含山吞海——象牙、海贝与陶器

S6—046 陶猪，三星堆联合村遗址出土

S6—047 龙凤纹陶盘（侧部），三星堆联合村遗址出土

有论者认为，此陶盘应为某一陶器上的盖子，或可称为龙凤纹陶盖。

S6—048 龙凤纹陶盘（底部），三星堆联合村遗址出土

**论者认为，这是目前发现最早的龙凤配纹器物之一，而龙绕凤的布局更为罕见。**

其上龙角、龙须、龙爪一应俱全，接近汉代龙的成熟造型。三星堆龙的造型（包括纹饰）不下三十处，在京畿（三星堆都城）之外的联合村遗址发现的龙凤纹陶盘，应为平民用品，表明其时从贵族到民间，广泛存在龙崇拜。对美好生活的向往，是三星堆蜀人普遍的追求。

# 石雕人像

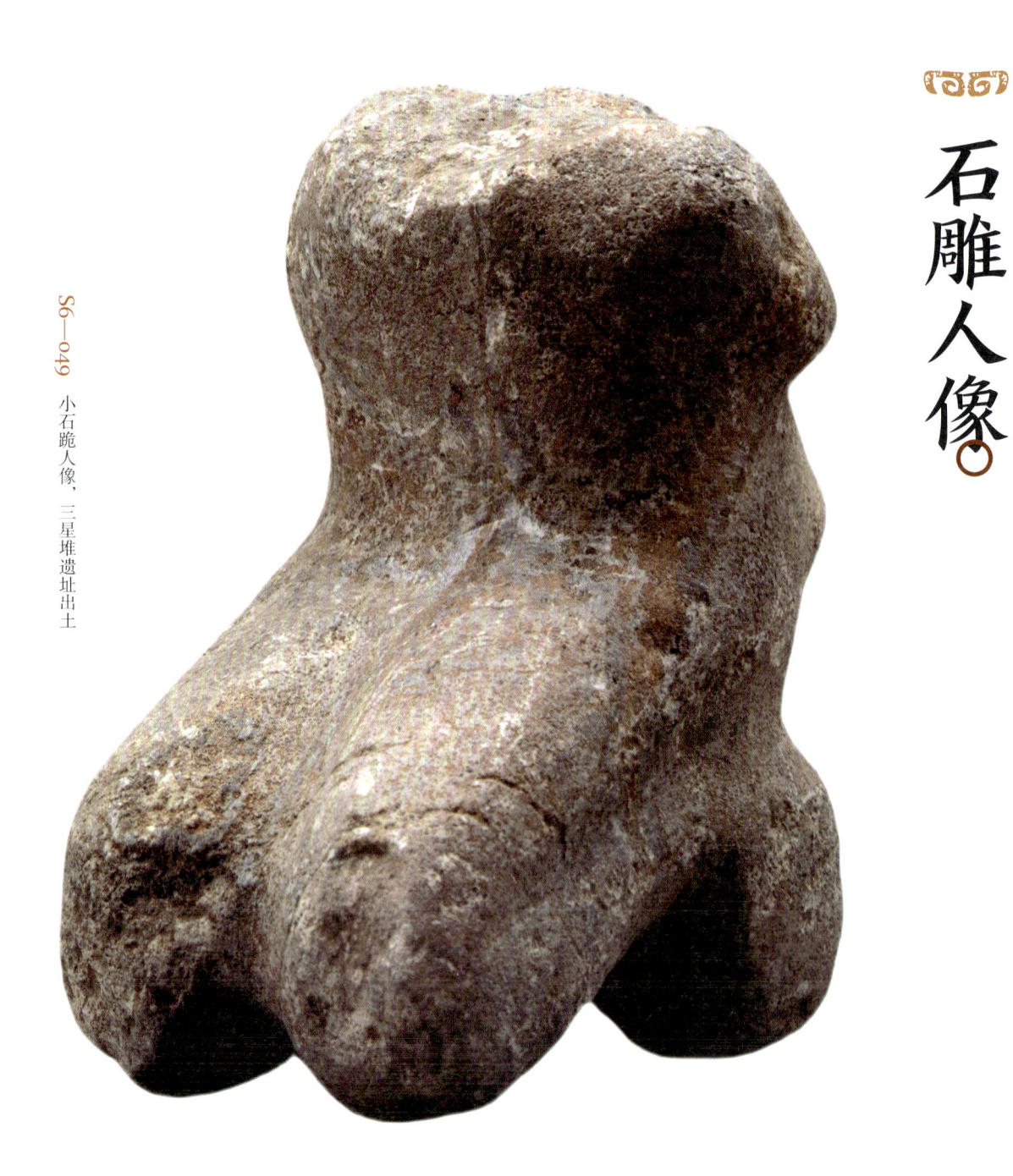

S6—049 小石跪人像，三星堆遗址出土

三星堆遗址范围内最早出土有两件石跪人像，可惜头部皆已损坏，但双手反缚的跪姿仍依稀可辨。2001年，金沙遗址出土了十余件石跪人像。这些石跪人像，或以为是奴隶与人牲，反映出三星堆—金沙古蜀社会的阶级不平等状况，或以为是巫师的象征，在古蜀文化中参加祭祀。

S6—050 小石雕人头像,三星堆遗址出土

# 再惊天下
## 新出土青铜器

### 第七编

自 1986 年首次大规模考古发掘后，2020 年 9 月 6 日，三星堆新一轮大发掘正式启动。来自北京、上海、四川等地的约二百人的多学科考古团队，历经两年多的艰苦工作，于 2022 年年底完成发掘任务。据 2023 年 6 月 9 日《新华每日电讯》报道，此次发掘的六个坑共出土编号文物 17 000 余件，其中相对完整的文物达 4000 余件，重要发现包括：

三号坑：青铜顶尊人像、青铜神坛、青铜大面具、青铜圆口方尊、完整金面具、神树纹玉琮等；

四号坑：扭头跪坐青铜人像（3 件）；

五号坑：半副金面具（重 286 克）、斧形玉器、鸟形金饰、象牙雕；

六号坑：玉刀、木箱；

七号坑：龟背形网格状青铜器、顶璋龙形铜饰、彩绘青铜人头像、三孔玉璧形器等；

八号坑：青铜神兽、青铜神坛、顶尊蛇身青铜人像、青铜虎头龙身像、青铜有翼神兽与带盖铜尊、青铜着裙立人像、青铜猪鼻龙形器、石磬等。

2021 年 3 月 22 日，《四川日报》以 16 个版面的篇幅，隆重推出题为《三星堆——再醒惊天下》的特别报道，向世界报告三星堆古蜀文明的瑰丽深邃，表达对考古工作者三十余年来的探索与奉献、成就与光荣的深深敬意。

# 青铜神坛与组合像

第七编
再惊天下——新出土青铜器

S7—001 青铜神坛底座（对角视角），八号坑出土

神坛底座高 95 厘米，造型宏大，计有 13 个人物。其抬井架杠的四力士，青筋暴起，步履坚定，似在肩负重大使命奋勇向前。

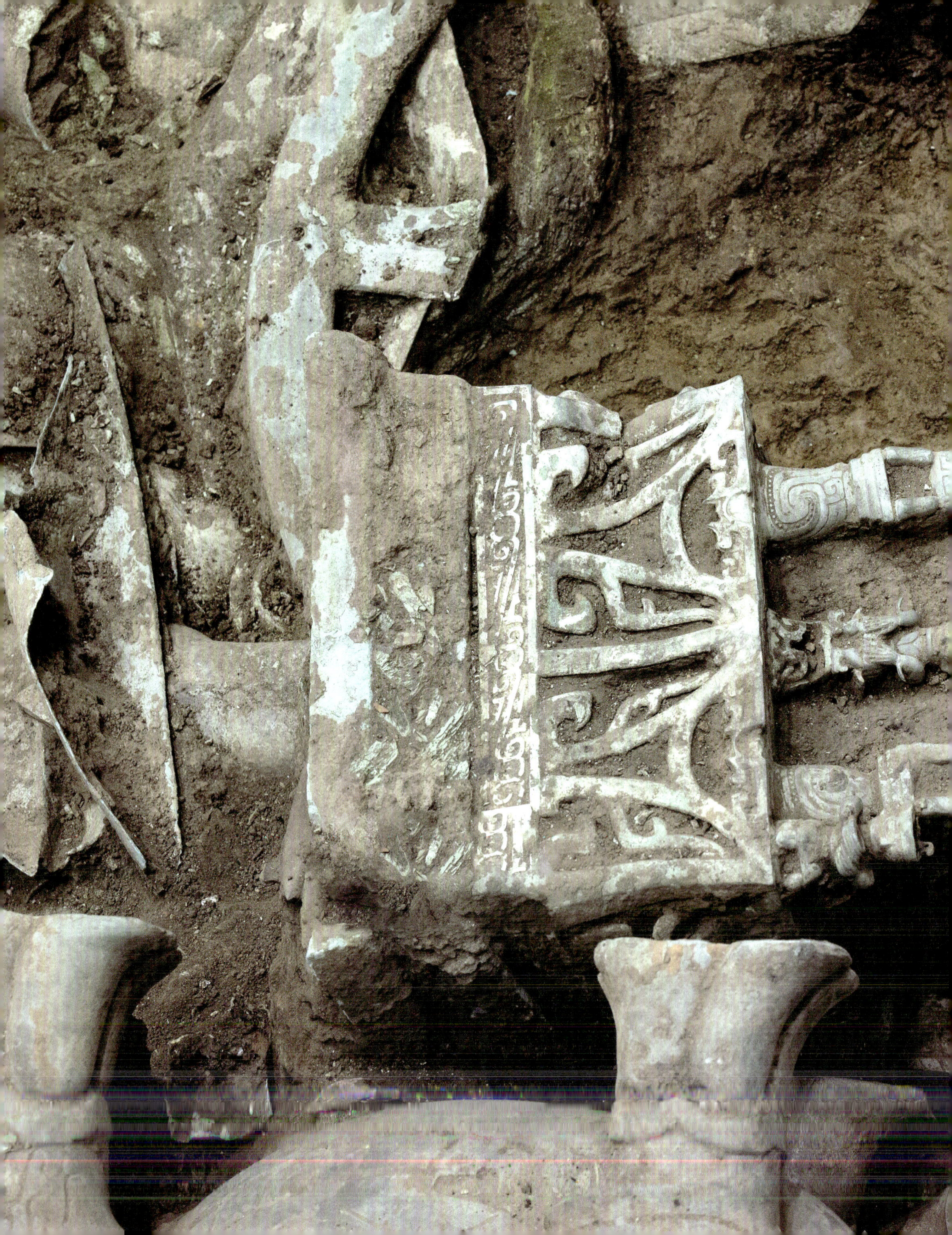

S7—002 八号坑青铜神坛底座与青铜神兽出土面貌

S7—003 青铜神坛底座（正面），八号坑出土

神坛底座中间小人似垂足坐于一凳上。在一般认知里，中国夏商周秦至西汉，以"席地而坐"为主，取踞坐、箕坐姿势。汉朝时北方游牧民族胡床（折叠凳）开始传入中原，但仅限于贵族使用。迨及汉末魏晋，方渐出现凳、椅等坐具。

## 第七编
### 再惊天下——新出土青铜器

S7—005 青铜顶坛人像（侧面），三号坑出土

S7—004 青铜顶坛人像，三号坑出土

三星堆现场

S7—006 青铜神坛

此青铜神坛由三号坑顶坛人像、八号坑神兽、神坛底座等拼接而成,称"研究性复原"。这座结构复杂的组合体,是三星堆出土的人最高、构件最丰富、内容最神奇、最具想象力与吉祥韵味的大型青铜神坛,展现出古蜀社会盛大的祭祀场景,表达了三星堆蜀人的天堂梦想及探索未知世界的强烈愿望。

# 特殊造型人像

S7—007 青铜扭头跪坐人像，四号坑出土

四号坑共出土三件扭头跪坐人像，个个怒发冲冠，咬牙抿唇，扭头合掌，虎虎生威。

三星堆现场

S7—008 青铜扭头跪坐人像，四号坑出土

S7—009 青铜扭头跪坐人像，四号坑出土

S7—010　戴立冠青铜人头像，三号坑出土

　　此青铜人头像通高21.2厘米。笄发，戴高冠。冠身颇似后世纶巾，接近诸葛亮所戴冠帽，被戏称为"撞脸诸葛亮"。

S7—011 青铜鸟足曲身顶尊人像

此青铜人像由八号坑蛇身铜人像与二号坑青铜鸟足人像残部拼接而成。

## 第七编
### 再惊天下——新出土青铜器

S7—012 青铜鸟足神像，研究性复原

此神像由二、三、八号坑出土的五个部件构成，通高 253 厘米，可能是一座具有敬神通大功能的神坛。

三星堆现场

S7—013　青铜顶尊人像，三号坑出土

## 第七编
### 再惊天下——新出土青铜器

S7—014　青铜骑兽顶尊人像

青铜骑兽顶尊人像通高159厘米，由八号坑青铜神兽、三号坑青铜顶尊人像、二号坑青铜尊拼合而成。青铜尊出土时盛有海贝、玉器等，神兽头顶有青铜立姿人像。

S7—015 青铜顶尊人头像,三号坑出土

S7—016 青铜顶尊跪坐人像

S7—017　青铜背罍小人像（侧身一），八号坑出土

S7—018　青铜背罍小人像（侧身二），八号坑出土

此人像为青铜神坛底座的 13 个人物之一。

S7—019　青铜持龙立人像，八号坑出土

青铜持龙立人像是青铜鸟足神像组件之一。

第七编
再惊天下——新出土青铜器

S7—020　青铜持鸟立人像，三号坑出土

S7—022 青铜着裙立人像（正面），八号坑出土

S7—021 青铜着裙立人像（侧身），八号坑出土

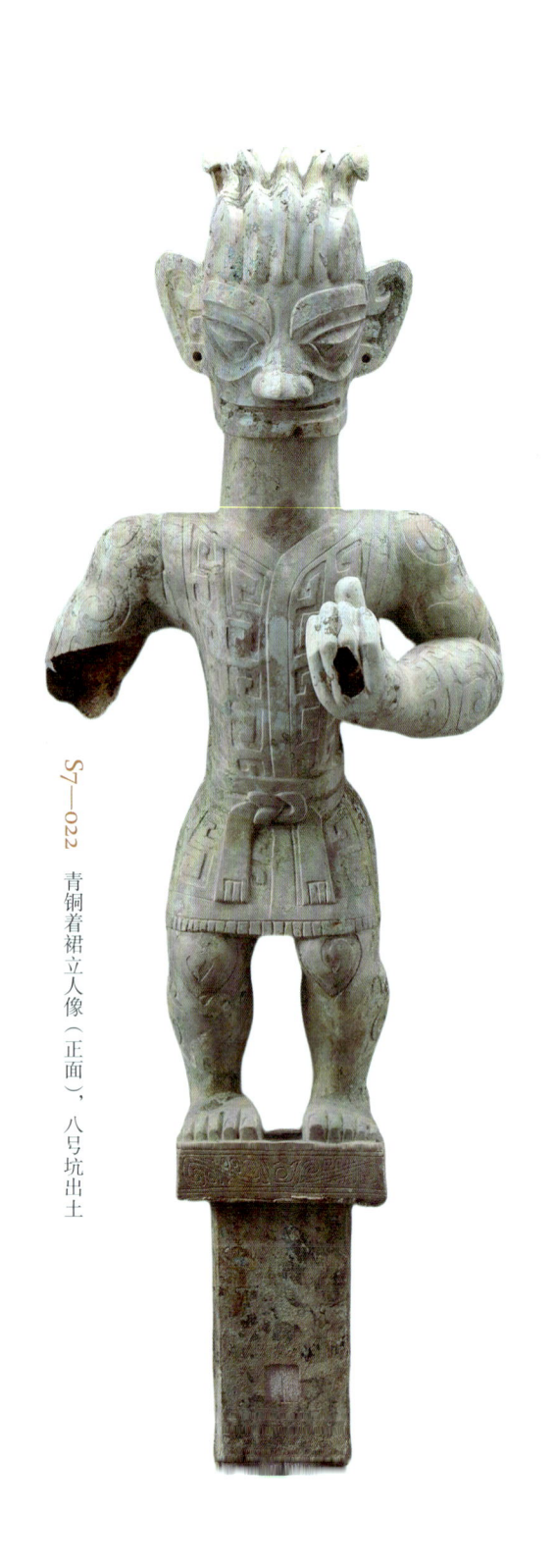

此青铜着裙立人，坊间戏称"肌肉男"。

第七编
再惊天下——新出土青铜器

S7—023　青铜小立人，三号坑出土

此青铜小立人，坊间戏称"奥特曼"。

## 298

三星堆现场

S7—025 青铜跪坐人像

S7—024 青铜跪坐人像

S7—027 青铜跪坐人像

S7—026 青铜跪坐人像

# 299

第七编
再惊天下——新出土青铜器

S7—028　青铜人头像

87—029 青铜戴冠鸟翼人像，八号坑出土

S7—030　青铜跪坐顶尊小人像

青铜小型立人像,三号坑出土

S7—032　青铜人面鸟身像，八号坑出土

# 神兽与动物形器

S7—033 青铜虎头龙身像（侧面一），八号坑出土

S7—034 青铜虎头龙身像（侧面二），八号坑出土

第七编
再惊天下——新出土青铜器

S7—035 青铜有翼神兽与带盖铜尊（侧面·），八号坑出土

S7—036　青铜有翼神兽与带盖铜尊（侧面二），八号坑出土

这件带盖铜尊上的青铜有翼神兽，不仅长有四条健硕的腿可以奔跑，还长了四只翅膀可以飞翔。在以往出土的汉代画像中，常见长有两只翅膀的有翼神兽的造型，通常认为与西域丝路开通以后中西文化交流有关。而在三千多年前，三星堆出土的青铜神兽就长有四个翅膀，表明古蜀人的飞天梦想更早，并浪漫且张扬。

更为重要的是，此前中原地区尚未发现带盖铜尊。而这件铜尊则以极富想象力的镂空四翼神兽为盖，显出古蜀人对青铜尊这一祭祀礼器的特殊理解，说明古蜀文明是以创新性贡献去融入中华文明多元一体的历史潮流的。

## 第七编
### 再惊天下——新出土青铜器

S7—037　青铜神兽，八号坑出土

此青铜神兽为青铜骑兽顶尊人像组件之一。

S7—038  青铜神兽，八号坑出土

此青铜神兽为青铜神坛组件之一。

# 第七编
## 再惊天下——新出土青铜器

S7—039  青铜神兽，三号坑出土

S7—040 青铜凤鸟，三号坑出土

S7—041 青铜鸟

S7—042 青铜鸟

S7—044 青铜鸟

S7—043 青铜鸟

三星堆现场

S7—045　鸟形青铜牌饰

第七编
再惊天下——新出土青铜器

S7—046 青铜鸟形器

S7—047 青铜鸟

## 三星堆现场

S7—048　青铜爬龙器盖，三号坑出土

## 第七编
### 再惊天下——新出土青铜器

S7—049 青铜顶璋龙头，七号坑出土

S7—050　青铜龙形器，八号坑出土

S7—051 青铜龙形器

S7—052 青铜龙盖形器，三号坑出土

S7—053 青铜龙形器，七号坑出土

S7—054 青铜龙形器，三号坑出土

S7—055 青铜龙形器，三号坑出土

## 第七编
### 再惊天下——新出土青铜器

S7—056 青铜龙形器,八号坑出土

S7—057 青铜龙形器

S7—058 青铜猪鼻龙形器,八号坑出土

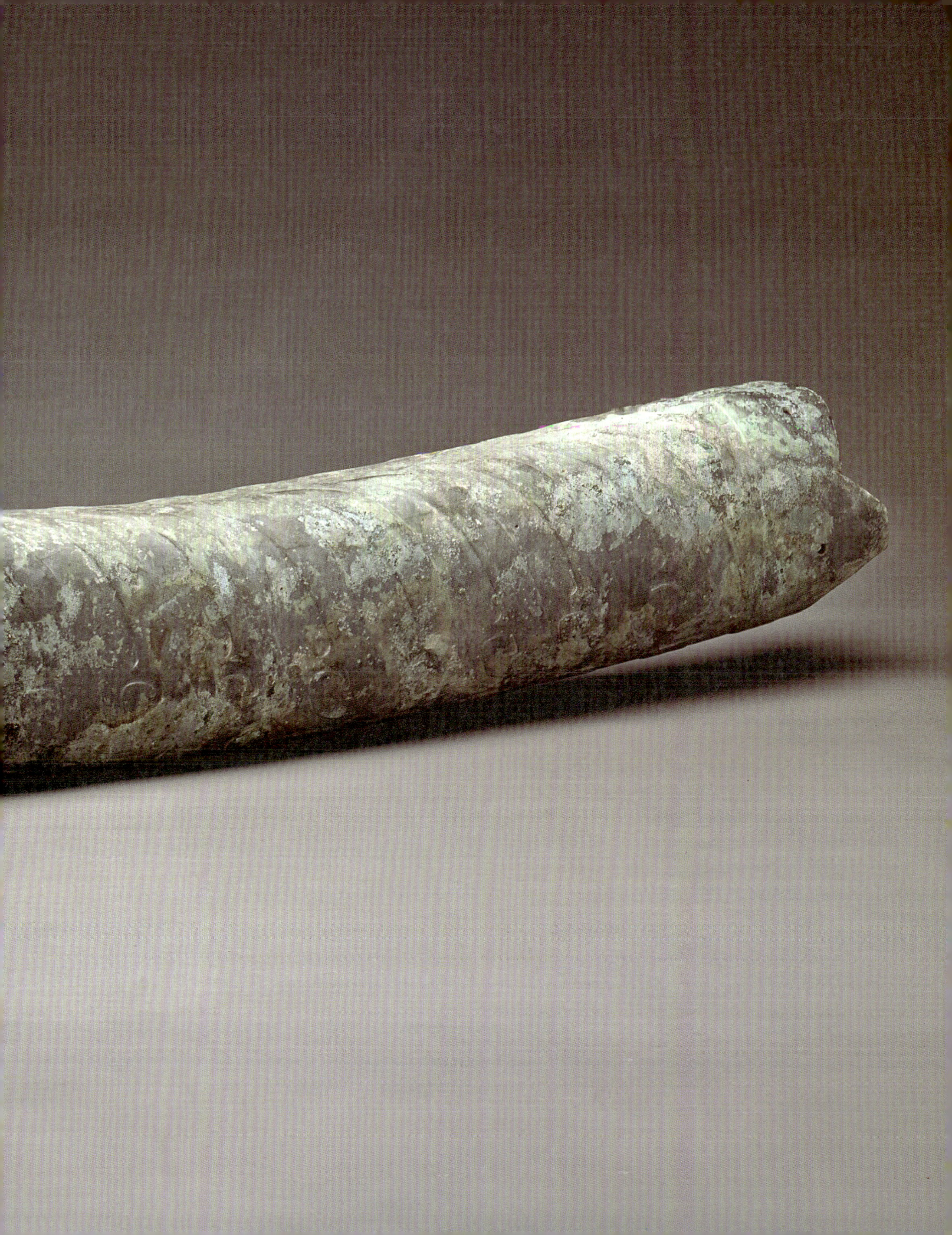

S7—059 青铜虎形兽,三号坑出土

## 第七编
### 再惊天下——新出土青铜器

S7—060 青铜虎形兽,三号坑出土

S7—061 青铜虎形兽,八号坑出土

S7—062　青铜龟背形网格状器，七号坑出土

　　该器为考古界从未见过的器物，被视为七号坑"镇坑之宝"。由青铜网格、青玉、青铜龙头把及青铜飘带构成。显微镜下可见黄金箔片与丝绸残留物。

　　学者认为其融合龙（图腾）、玉（礼器核心）、金（财富）、丝绸（东方特产）诸元素，凸显出中华优秀传统的文化符号。学者注意到该器四角的龙头上均顶有一个牙璋形器，是蜀地独有的组合形式。关于该器的用途，多认为与祭祀活动有关，可能是象征沟通天、地、人的法器，或是占卜工具；也有人认为是古史传说中的少昊禁锢颛顼的厌胜器；还有认为是夏人携入三星堆的龟蛇图腾物（或在三星堆仿夏器制造）；也有将其与"河图洛书"相联系的。

S7—063　七号坑龟背形网格状器出土面貌

S7—064 青铜网格形器的龙头

S7—065　青铜网格形器的龙斗

## 容器与礼器

S7—066　青铜圆口方尊，三号坑出土

S7—067 青铜大口尊，三号坑出土

这件青铜大口尊通高60厘米，口径55厘米，肩部圆雕三卧鸟、三兽首，显出商代南方青铜器工艺的鲜明风格，为国内迄今发现的最大一件商代青铜大口尊。

333

第七编
再惊天下——新出土青铜器

S7—068　青铜方口尊，三号坑出土

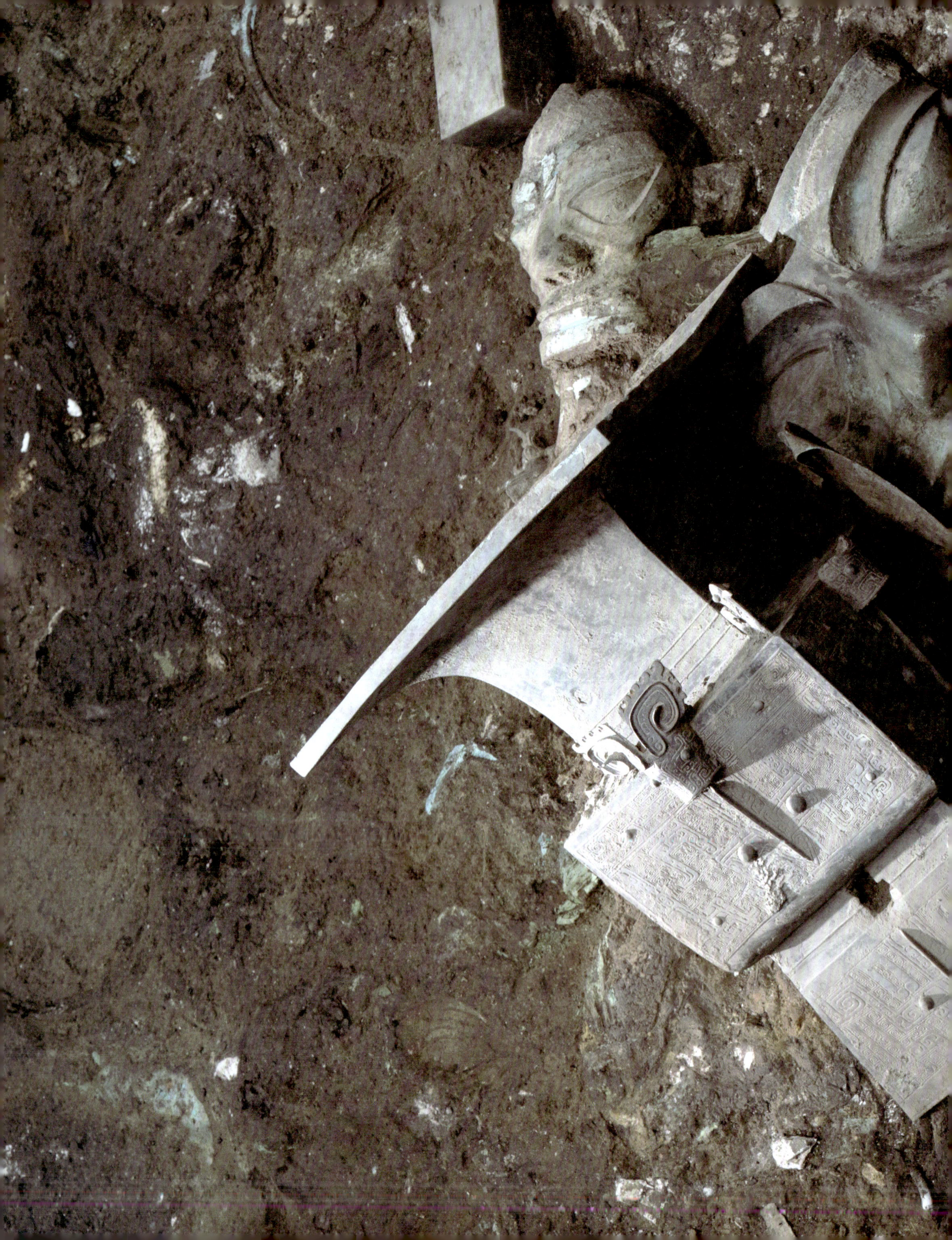

S7—069 三号坑青铜方口尊与八号坑青铜方罍、石磬出土面貌

S7—070　青铜方罍，八号坑出土

这件青铜方罍高33厘米，宽18厘米，出土时内部藏有玉管、玉珠、玉片上百件，另有几十枚海贝。

# 337

第七编
再惊天下——新出土青铜器

S7—071 青铜瓿，八号坑出土

这件青铜瓿腹部有一圈十余条游鱼组成的浮雕带环绕，为三星堆青铜容器中的特殊造型。

072 青铜罍,八号坑出土

# 339

第七编
再惊天下——新出土青铜器

S7—073 青铜圆口小尊，三号坑出土

S7—074 青铜圆尊,三号坑出土

S7—075 青铜锥状柱头,八号坑出土

S7—076 青铜蛇，八号坑出土

# 青铜人头像

S7—077 青铜人头像，三号坑出土

S7—078 青铜人头像,三号坑出土

S7—079 青铜人头像，八号坑出土

S7—080 青铜人头像,三号坑出土

S7—081  青铜人头像，八号坑出土

S7—082 金面罩青铜人头像,八号坑出土

# 后 记

这本书中的照片是摄影师深入三星堆考古发掘与修复现场拍摄的第一手资料，朴素而真实，散发着三四千年前古蜀文明的幽光，再现了那个遥远时代蜀人艰难奋进、雄姿英发的历史足迹与生活场景。

清人王文治诗曰："古迹虽陈犹在目，春风相遇不知年。"可是，没有古迹又何以知年？《三星堆现场》里的无声而生动的影像，展现了先人的逝水年华，也装点着今人的美丽家园。它们是我们的文化渊源，见证了岷山脚下、长江上游的人们从历史深处走来的一路风尘、一路辛苦、一路辉煌！那些斑驳的青铜器、陶器、玉器、金器，是古蜀文明厚重的记忆。它架起了历史与现实的桥梁，高扬了文化传承的旗帜，让我们增强文化自信，激发砥砺前行的动力。它们既是中华上古文明的遗物，更是一件件充满创造力与想象力的艺术珍品。它们让我们了解到古人丰富的精神世界和生活情趣，像和风细雨般浸润着我们的灵魂，充实着我们的世界观、人生观、价值观和审美观。

弱水三千，只取一瓢饮。三星堆有编号的出土文物多达两万件以上，已修复文物四千余件。这里撷取的四百余幅照片，虽不能反映三星堆文物的全貌，但吉光片羽，也足以让我们穿越时空，去与古人对话，从而在岁月的长河里找到自己的位置，感受人生的意义与生命的价值。

为配合四川省古蜀文明保护传承二期工程的启动，推进三星堆—金沙遗址申报世界文化遗产工作，提升中华文明的国际影响力和感召力，四川省人民政府文史研究馆、北京理工大学出版社与四川墨染九州文化传播有限公司通力合作，推出这部《三星堆现场》大型画册，以期为广大文物考古工作者、历史文化研究者及海内外关心、热爱中华文明的人们提供一个直观的视角、一个敞亮的窗口，让三星堆古蜀文明的历史光影去照亮人类的来路与远方。

盛世著书，流年载笔。惜时间仓促，力有不逮。凡失当或差错之处，还请读者不吝赐教。

编者<br>二〇二五年五月于锦江之滨